鰹節を手削りする美味しい暮らし

日本の味いただきます

永松真依
鰹節伝道師
「かつお食堂」店主

シュッシュッガリガリ…
削るメロディーに、美味しい香りが広がって
パラリとひとかけ、味がまとまる。
"手削り"の魔法にかかると
料理が苦手な私だって料理上手に大変身。
"鰹節"は、日本伝統の旨味の素。
手削りで自分だけの味わいを
毎日の暮らしに生かしてほしい
もっと**もっと**削ってほしい

今日の朝活。気分がいいから丁寧にやってみた

ご飯の上にも
シュッ♩ガリ♩
パラリ♩

いただきます

シンプルながら
体にしみわたる日本の味

一章　鰹節を削る　美味しいリズムのひとかけを

二章　じつはカンタン！ 幸せの黄金スープ

三章 手削り、やってみよう！ 削り方の参考書

四章 鰹節の愛を育む 〜歴史やつくり方、種類のこと〜

五章　顔の見えるかつお旅

さいごに　かつおちゃんのメッセージ

一章

鰹節を削る

美味しいリズムのひとかけを

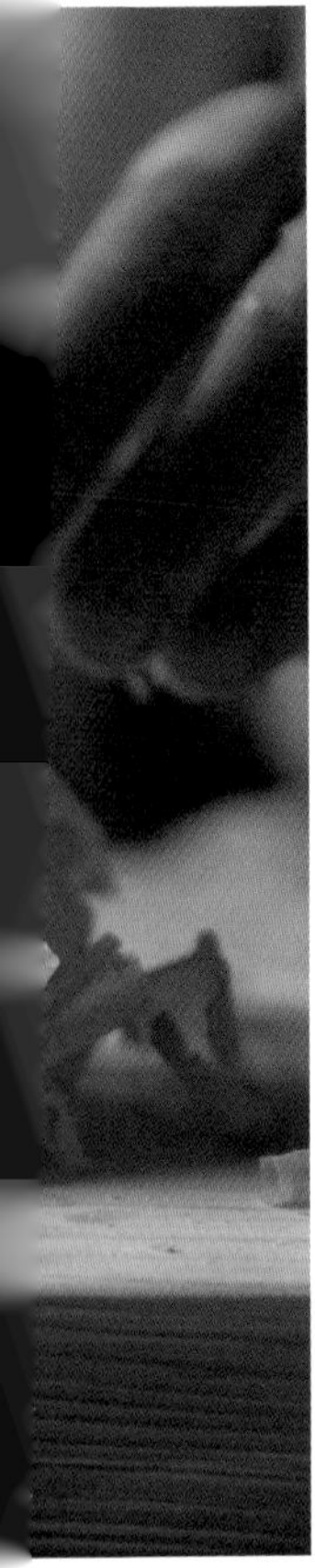

シンプルに削りたての鰹節の衣をまとったおむすびに

手のひらに塩をつけ、
ふんわりむすんで鰹節をくるんとまぶす。
シュッシュッ削った鰹節の香りが
鼻を虜《とりこ》にしたと思ったら
今度は、温かいご飯の肌に触れて
さらにさらに香りが引き立つ。
胃袋がぎゅ〜っ。
これが、たまらない！
鰹節とお米。

お米ちゃん大好き)
ボクの
花舞台さぁ

最強のコンビで
ランウェイを
行くような気分で
公園へ♪

朝ご飯

鰹節が大好きで、「かつお食堂」という朝ご飯屋を渋谷で営んでいます。
メニューは基本的に、〝一汁一飯〟削りたての鰹節ご飯と一番出汁のお味噌汁。

私はとにかく食べることが昔から大好き！　朝ご飯を食べると昼ご飯を考え、夜ご飯、さらには、次の日の食べるものまで想像してしまうほどの食いしん坊。なかでも、1日の始まりのエネルギーをつくりだす朝ご飯は、胃も腸も体も脳も、みんな「おはよう」の特別なスイッチ。寝ている間に下がっていた体温をぐんぐん上げてくれて、脳や体も起こしてくれるし、生活リズムも整う大切にしたい時間です。

朝きちんとしたご飯を食べると、体が整い、自分を大切にしてあげられているような。そして、素敵な1日が迎えられるような気分になりませんか？
そんな感覚もたまらなく好き。いいですよね。

また、朝ご飯にこだわりを持った理由がもうひとつ。

朝、きちんとしたご飯とお味噌汁をいただけるお店がなかなかないなあと思ったこと。

朝は、パンケーキやカフェでゆっくりおしゃれな気分で過ごす。そんな姿に憧れを抱きカフェめぐりに想いを馳せた時期もあったけれど、だんだん年を重ねていくと、純白のきらきらと輝くお米とお出汁の香りのホッとするお味噌汁が恋しくて恋しくて。

日本人としてのＤＮＡが本能的に〝食べたい〟と騒ぎ出すのかもしれない。

太陽「おはよう」コケコッコー。

きちんとした丁寧な朝ご飯で、体も心も「おはよう」

愛の削る姿

2022年、かつお食堂は開店して5年を迎えました。当初から大切にしている〝マイルール〟がいくつかあり、そのひとつが、〝鰹節は、お一人さま分お一人さま分、手削りする〟こと。根元には、〝おばあちゃんが私のために鰹節を削ってくれた姿〟があるからです。ガリガリと大きな音を立てながら丁寧に、一生懸命に削ってくれる姿が心に残っているから。

「ひと昔前まではこういった姿を家庭で見ることができたのよ」と聞いたことがある。進化した現代なら、スイッチひとつで鰹節を削ることができる家電があれば、醍醐味である香りと美味しさがすぐ手に入るだろう。でも、手削りするこのひと手間の姿は、削られる鰹節とともに〝愛を生み出してくれる〟と私は思う。誰かのために、自分のために削ることで「どうして鰹節は堅いのかな？」「削り器の刃は研いだほうがいいかな？」と五感を研ぎ澄まし、自分で考え、調べることは、鰹節のことを知ろうとする愛、道具の性質に向き合う愛の時間にもなる。

鰹節を削ることは、大切な食の原点を教えてくれる姿でもあると思う。今、これからにきっと大切な愛だらけ。

そんな魅力を届けたい！と、今日もあなたのために削ります。

シンプルな衝撃の味

〝ご飯に、削りたての鰹節をのせる〟。ありそうでない。古いのに新しい。おかかおむすびなど、鰹節とお米の組み合わせは、身近なところだとコンビニでも見かけるので当たり前のように思えるけれど、この味に出会ったときは衝撃でした。

鰹節を好きになってから大切にしている産地めぐり。始めた頃は、鰹節の老舗問屋「にんべん」さんでアルバイトをしながら、貯めたお金で旅をする！を繰り返していました。限られた資金のなか、交通費や宿泊は〝最安値〟をモットーに。そして大事にしたいけれど、食べることも節約。

そんなとき、鰹節職人さんが、炊いたお米に削ったばかりの鰹節をどさっ！とかけてくれたお茶碗を持ってきてくれたことがありました。削っただけでも香りがいいのに、お米の上でさらに倍増する香りに、気が付いたらほお張っていた。

「美味しいーーーーーー」米粒をほおにつけながら食べるのがまた美味しい。

〝削った鰹節ってお米のように主食になる〟。出会っていたはずなのに、はじめましての衝撃の味は、それだけでご馳走になり、「ああ日本人でよかった」と思わせてくれる温もりの味でした。

削りたての鰹節、美味しい秘密

鰹節を削ると広がる幸せ、それは〝香り〟です。

削ったそばからミルフィーユのように重なり合い漂う芳醇な香りは、これでもかと言わんばかりに誘惑してくる。

「いい香りに……釣られて入りました」。お店を始めてからそんな声をたくさんいただいてきました。香りが自然と宣伝してくれているのです。

削りたての香りは鼻を通り抜けて脳まで届き、〝ホッとする温もり〟や〝癒やし〟を届けてくれる。魚体、煮る、燻《いぶ》す、カビ付け工程、それぞれの過程でつくられる香りが複雑に絡み合って、400種類以上あると言われている、人が再現することのできない自然の美しい香りが、ぎゅっと詰まっている。まるで香りの宝箱のようだ。世界中の海を制するどんな海賊だって、この宝箱をきっと欲しがるに違いない。


そんな削りたての鰹節にも〝酸化〟という弱点があります。

鰹節を削ったものを放置しておくと、30分もすると酸化が始まると言われているほど。削った鰹節の入った袋を一度開けると酸化が進むので、一度で使い切らない場合は「しっかりと空気を抜いて冷蔵庫へしまうこと」と言われているのは、この酸化から少しでも、少しでも逃れるためでもあるのです。
酸化をすると鮮やかな色がくすみ、香りも薄まって、生臭みのある魚の独特なにおいが漂ってくる。これって人にたとえると、お肌と似ているかもしれない。肌が酸化すると、しわ、たるみ、くすみなどの肌トラブルを招く。悪いことではないけれど、あまり喜ばしいものではない。鰹節も同じです。

削った鰹節、あるいは一度封を開けた鰹節パックをどうやったら少しでも酸化から守ることができるのだろう？　こんな実験をしたことがあります。（※空気に触れると酸化するため、いずれもしっかりと空気を抜いて）

①冷蔵室に入れる
鰹節は吸湿しやすいので、冷蔵庫の中でも湿度が高い野菜室は避ける。また、冷気のにおいがなるべくつかないように冷気が直接当たらないところに保存。
②冷凍室に入れる
冷凍しても削った鰹節は固まらないが、出し入れすると温度差で結露ができて鰹節の品質を劣化させ、悪いカビを生やす可能性もあるので、できるだけ1回で使う量ずつに分けて保存。

③涼しい場所の室温に置く

冷蔵室や冷凍室は、酸化の前にほかの食材の香りや冷気のにおいも移るのが気になるので、室温で保管。高温に弱いので、直射日光を避けた風通しのいい場所を選ぶ。

④室温でキャニスター保存

鰹節と同様に〝鮮度が命〟で、酸化が大敵のお茶やコーヒー豆の例を見て、茶筒やキャニスターに保存する。

本格的な実験のように条件がすべて同じではないので一概には言えないけれど、私の実験結果では、どの保存方法でも1日経つと削りたて、そして封の開けたてより香りの質は落ちてしまうように感じた。

もし鰹節パックを買う場合は、短時間で使い切れるなら大袋タイプで、使い切るまでに時間がかかりそうなら小分けタイプを選ぶなど、美味しく食べる工夫をしてみてください。

鰹節の1枚1枚が、じつはナマモノで〝お刺身〟と同じ。そんな性質を知ってあげると、明日からの鰹節とのつき合い方が変わりそうでしょ？　ただお刺身とは違う大きなポイントがあります。

それはそれは♪　自分で削れば常に鮮度バツグンだということ。

料理が苦手だから

削りたての鰹節は美味しい。そんな魅力に惹《ひ》かれていながらも、毎日削ることは難しかった。朝はぎりぎりまで寝ていたいし、支度に追われて削る時間がない。起きてすぐだと食欲が湧かないときもある。「朝は削れなかったから、晩ご飯のときは頑張るぞ」と気合を入れるものの、いざ帰ると「めんどくさいな」が優先してしまうことも。

そんな私の暮らしは、かつお食堂を始めてからもそうでした。ましてやお店でたくさん削るようになり、お家では腕を休ませないと！と、自分に言い聞かせたりして結局削らない。「昔は鰹節を削っていたけれど、削り器は今は押し入れの中にあるなあ」という話はよく聞いていたけれど、身をもって感じていた。

鰹節が大好きなのに。美味しいのに、どうして暮らしの中で続けることができないのかな？

答えはシンプルでした。

そもそも〝料理をすることが苦手〟。

思い返せば、鰹節を大好きになった当初は実家暮らしで、母の料理のお手伝いをしながら、出汁のシーンやトッピングシーンに登場する鰹節を削っていた。楽な気持ちで、好きなときに登場するだけでよかったので、ただ鰹節を削ることだけを楽しむことができていた。

小さい頃から母はすごいなあと思っていた。

同時に短時間で何品も料理をつくり、なんなら洗い物もしながらきれいを保つ。急に「ドライカレーが食べたい」と言えばつくってくれて、「ハンバーグが食べたい」と言えばつくってくれた。〝クックパッド〟も見ない。頭の中にあるレシピたちを私も欲しかった。

当たり前だけれども、実家を出てひとり暮らしを始めると誰もつくってくれない。

もちろん料理をすることもあったけれど、その行為に腰が重くなることは間違いなかった。

よし！　だったら料理することを好きになればいいんだ！　料理をすることが好きになればきっと暮らしの中で鰹節を削ることも続けていけるはず！

……っと、気合を入れてまずは本屋に向かいました。

たくさんの料理本がずらりと並ぶ中で、片っ端から気になる本を手に取ってみた。

「美味しそう！　しかもこれは簡単そう！」とワクワクしたレシピに目をやると、「いや、待てよ？　この材料はあるけれど、これがないな」「大さじ2大さじ3……計量スプーンか。まずは道具を揃えるところからか」……。

揃えないといけない材料や道具、細かく示された分量が呪文のように畳みかけてくる。

ああーーーー!!!　鰹節削りが大好きなのにーーーーー!!!　モヤモヤ。


……そんな私だからこそ行き着いたのが、〝削りたての鰹節に頼る〟ワザ。

全面的に鰹節を信頼し、鰹節に頼ること。

計量スプーンはいりません。最後は、鰹節がきっちり味をまとめてくれるから。

「あなた、よろしくお願いします」

削って削って、自分だけの鰹節づくり

私がお店で削る鰹節は、昔ながらの手間ひまをかけた製法の〝本枯節《ほんかれぶし》〟です。本書での「鰹節」はすべてこの本枯節を指しています。（P107、かつおちゃん式鰹節図参照）

削りながら月日を重ねる中で、鰹節のことを知り、道具の性格を知り、生きているカツオにも会ったりするうちに、少しずつ削る鰹節の形状は変わっていきました。

ガリガリ……ゴリゴリ……鈍い音と不安定なリズム。削り始めた頃は右も左もわからない。そんな私を包み込む削りたての香りはまるで天然のアロマ。

削り器の引き出しを開けると、想像していた薄い鰹節ではなくて、分厚く赤黒い鰹節が顔を出す「こんにちは」。あれ？　私、下手なのかな？　でもそんなことより、「今日はどんな鰹節に出会えるのかな？」自分で削る鰹節との一期一会が愛おしかった。毎日ただ削ることが楽しかったことを今でも覚えています。

そんな私が現在、お店で削って召し上がっていただく鰹節の形状は、〝ふわふわで薄い〟を目指して削っています。その理由は5つ。

①鰹節や道具の性格を知り、削りが上達した
②香りが広がり、口溶けがいい
③アートで美しい
④わりとこりやすい性格
⑤メディアで広がってしまった（笑）

ある日、お店でいつものように薄い鰹節を目指して削っていました。すると、ひとりのお客さまからこんな言葉をかけられました。

「ガリガリの分厚い鰹節を削ってもらえるかな？　昔、私も削っていたけれどガリガリで。それが妙に懐かしくてね。ガリガリにしょうゆを回しかけて、口にがっ!!っと、かき込んで食べるのが最高にうまいんだ！　思い出してね」

じつは鰹節削りは、好みの鰹節をつくることができる。

薄い鰹節を削りたければ、木槌《きづち》（トンカチ）でトントン、見えるか見えないかの〝際どいライン〟まで刃を引っ込めてあげる。すると、シュッシュと優しい音を奏でながら鰹節が削られていく。

一方、ガリガリの分厚い鰹節を削るには、木槌で刃をトントンし、少し刃を出してあげる。音は〝ガリガリガリガリ♪〟と迫力のあるメロディに変わり、パラパラッと粉雪のように削られていく。

このように刃の出具合を調整すると、好みの形状の鰹節をつくることができる。

シュシュ♪と薄い鰹節。ガリガリ♪と分厚い鰹節。

なんだか音楽隊でも結成できそうだ。

白いお米の上に赤黒い鰹節をパラリのリズムでかけると、ロッキー山脈のような力強さとダイナミックさが顔を出した〝一杯〟になった。

その一杯をお客さまに差し出すと、勢いよく口へほお張りながらひと言。

「うまい‼」

その幸せそうな笑顔に、はっ！とした。「これだ　別に無理して料理をしなくていい。ただ、ただ、昔のように、削った鰹節をどんなものにもかけて楽しんでみよう」

削ってパラリとするだけで、1品できちゃった

何度も言います、私は料理をすることが苦手です。面倒くさがりのズボラで、料理をするまでの腰が重い。だったら、昔の日本の暮らしを見習って、あるものに鰹節を削ってパラリとかけるだけでいいのではないか⁉

かつお食堂に来てくれたあのお客さまの笑顔がヒントになり、大事なことを思い出すきっかけとなった。


まず、スーパーで大好きな納豆と豆腐を買った。

洗い物もあまりしたくないので、納豆はパックのまま、付属の調味液と削った鰹節をパラリとかけて混ぜ混ぜ、「いただきます」

鰹節の香りの香ばしさが納豆を包み込み、いつもの味が格段にレベルアップ！　さらにガリッとした鰹節の歯応えがいい役目をしてくれている。


普通の納豆がいつもと違う！　ワンランク上の特別な味!!

器に盛り付ければ1品完成するではないか!!!

……と、いうことで、もう1パックの納豆にも鰹節をパラリ。先ほどの美味しさに背筋が伸びて今度はこだわりのおしょうゆに変えてもみた。そしてお気に入りの器に盛る。

「おーーーーー!」ひとりで拍手。目の前には立派な料理が1品できているではないか! しかも、料理時間は鰹節を削ってから3分以内。ちょっと削ってパラリとかけるだけだから、時間もかからないのだ。

料理が苦手な私が楽しく1品作っちゃった♩

火がついた私は、豆腐も料理してみようかな♩と器を選び始めた。器も美味しさを演出してくれる。元々器が好きな私の家の食器棚には、器はたくさんあった。

切った豆腐を器に盛り、しょうゆではなく塩をパラパラとかけた。食べることが好きで外食したり、デパ地下で買って「美味しい! これ好き!」と思っていたことが自然と私をそうさせたのかもしれない。些細《ささい》なことだけれど、私にとっては大きな改革でした。

ガリガリ鰹節をパラリとかけた。白い豆腐に塩の雪。赤黒いアクセントの鰹節。

まず、見栄えが美しかった。「料理は芸術だ」という言葉を耳にしたことがあったけれど、まさしくそう。

そしてひと口食べると、豆腐の水分に鰹節がいい具合にふやけて、口の中でツナ缶を食べているような気分になった。はい！　これでもう1品完成！　料理時間は削ってから2分！　合計5分で納豆とお豆腐料理の2品完成！

鰹節を削ってパラリとかけるリズムで料理が完成しちゃった。

削った鰹節は冷蔵庫のお友だち

ううっ……冷蔵庫を開ける手がなかなか伸びない。

時折こんなこともある。ひとり暮らしあるある事件！　材料が余ってしまうこと。なるべく小単位で買っても、一気に使うことができないのでラップに包んで冷蔵庫に入れる。明日使おう！と思っていても、うっかり忘れてしまいがち。冷蔵庫を開けて「今日はこれとこれがあるからこれをつくろう！」なんていうレシピが元々頭の中にはない。

あの材料は今頃……。わかってはいる。開ける前からごめんなさい。

冷蔵庫の中身は〝無意識を表す〟ということを聞いたことがある。ごちゃごちゃしていると、自分の無意識の〝乱れ〟が表れているとか。

勇気を振り絞って冷蔵庫を開けると、シワシワになったにんじん、キャベツ、長ねぎ、ブロッコリー、トマト、レタス、納豆（あるのにまた買っちゃった）、餃子の皮、チーズ、卵、キムチ、味噌、ぽん酢……。「もっと早く食べてよ」そんな顔がこっちを見ている。

どうしよう……料理って何をつくったらいいの？

でも……大丈夫！　私には強力な味方があるのだ。

〝削りたての鰹節に頼る〟ワザがある！

全面的に鰹節を信頼し、鰹節に頼ればいいのです。


まずは鰹節を削る。一度削ってある断面は乾燥していて粉っぽくなりやすいけれど、削り続けると少しずつ形になっていった。なんと言っても削りたての香りは、私に魔法をかけるようにリラックスさせてくれる。

次にフライパンで米油を温めて、シワシワ野菜を炒めてみた。そこへ削った鰹節をパラリ〜♪なんだか〝鰹節が調味料〟みたい。

ひと口パクリ。これだけなのに、鰹節のしっかりとした香りと味が野菜を包んで美味しい！シンプルな調理で美味しい1品が完成していた。これならどんな余り野菜でもいい。想像を膨らませて、春には菜の花やタケノコ、夏にはナスやオクラ、秋にはさつまいもや里いも、冬には春菊やかぼちゃ。季節の野菜に鰹節を削ってパラリ。旬野菜が楽しみだ〜。

お皿に炒めた野菜を盛って〝追い鰹〟（※鰹節出汁の旨味を増すために、途中で出汁や煮物に鰹節を追加すること。かつおちゃんはどんな料理にも追い鰹が好き）すれば、トッピングとして華を添えてくれる存在にもなる。


トマトとレタスは、オリーブオイル、塩に鰹節パラリで、香ばしいツナサラダのでき上がり。

餃子の皮にはバターを塗って、砂糖と鰹節をパラリしてからくるくる巻く。フライパンにやや多めの油を引いて温まったら揚げ焼きにして、カンタンおやつに。中身を変えて、皮にオリーブオイルを塗ってチーズと鰹節で同じように揚げ焼きしたら、おつまみにも変身した。

楽しい！　憧れの〝冷蔵庫にあるもので料理をつくる人〟になっている！　こんな自分を待っていました！

さらに、ぽん酢にたっぷりの鰹節を入れると香り高いぽん酢ができるし、味噌にたっぷりの鰹節を混ぜれば、旨味増し増しのディップにもなる。

何か買い足さなくても、冷蔵庫にある食材に削った鰹節をかけるだけで、次々と料理が完成していく。材料に削ってパラリとかけるリズムだけ。いくつもの料理ができた。

料理が楽しくなってきた。鰹節がいるから頑張らなくてもいいんだな！

そんな気持ちが私を大海原へと泳がせていく。

〝鰹節を削る〟カツオからみんなへのプレゼント

〝鰹節を削ってパラリ〟のかけるリズムで、いいことリスト

①料理が楽しくなる
②簡単なのにきちんとした料理ができる
③短時間で完成する
④シンプルで味が決まる
⑤調味料になる
⑥具材になる
⑦トッピングとして華を添えてくれる
⑧冷蔵庫が整理整頓される
⑨私たち日本の味を暮らしの中で大切にしている

こんなにいいこと〝ありがつお〟（＝ありがとうのこと。〝カネサ鰹節商店〟の芹沢さんがつくった言葉）。

でも最後にスペシャルなもうひとつ。

⑩カツオからのみんなへの栄養のプレゼント

（※栄養のことを考えていたら、海で泳いでいるカツオになった気分になってきたので、そんな感じで書いてしまいました。ご了承ください）

みんなへ

ボクは生まれてから一度も止まらず泳ぎ続けるよ。エラぶたが大きく動かせないから、生きていくための酸素を、口を開けたまま泳ぐことで強制的にエラに送り込んでいるよ。ボクのお刺身（筋肉）を食べたことはあるかな？　赤黒い〝血合肉〟はボクの自慢。持久力のある筋肉で、鉄分たっぷりなんだよ。ずっと泳ぎ続けるための自慢の体さ。

さらに体を動かすための秘密があるよ。アンセリン、カルノシンという成分があって、これは疲労改善作用があることがわかっているんだ。疲れ知らずのお魚さ。そんなボクの体の筋肉をギュッと凝縮したものが鰹節。

鰹節の栄養価が高いことは江戸時代の1697年に薬膳書として刊行された『本朝食鑑』に鰹節の効能として「気血を補い、胃腸を整え、筋力を壮にし、歯牙を固くし、皮膚のきめを密にし、髪を美しくする」と疲労回復や滋養強壮などの効能があることが書いてあるよ。科学的裏付けのない時代に効能について感じていた事実は人の動物的本能なのかな?

現在いろいろな研究が行われていて、鰹節の栄養や効能などさまざまな事柄がわかってきている。人が暮らしの中で実際に摂取できる量で考えると、鰹節には必須アミノ酸をすべて含むタンパク質やナイアシン、ビタミンB_{12}が豊富なこともわかっているよ。これは人にとって、生きるための機能に必要なもので、大切な栄養成分。

さらに鰹節の出汁には減塩に導く効果があることもわかってきたそう。

鰹節を削ってパラリのかけるリズムは、いつもの料理に手軽に体と心を思う栄養をプラスすることができる。

ボクがみんなの体を守るし、みんなの中で泳ぎ続けるんだ。KATSUO100%!

フルーツとか。お肉にもパラリ 意外な組み合わせが 結構いける!

アボカドサラダに。鰹節の香ばしさメインで、塩分控えめ。

ポテトサラダのトッピングに。

パイナップルなどフルーツにも合う!
オリーブオイルをひとまわしして、塩、鰹節をパラリ。いちじくにも美味しい。

鰹節と卵、マヨネーズは好相性! 自家製鰹節タルタルソース。

鰹節オイル（P40）で焼いた豚肉に鰹節をパラリ。

トマト入りのスクランブルエッグにも（P41）。
トマトの旨味は鰹節と仲のいい昆布と同じグルタミン酸。

ちょっとおしゃれに。多めの鰹節オイルに、タコと
ブロッコリーをグズグズ煮込んだアヒージョに追い鰹をして。

こんな日もある！
インスタント食品に
パラリ。鰹節の本物の味
が加わって、なんとなく
罪悪感がちょっと減る。

鰹節ひとふりすれば安心の味

ホールのまま温めたカマンベールチーズに鰹節。油と相性が
いいので、脂肪分の多いチーズにも鰹節はよく合います。

鰹節オイル

オイルに鰹節をパラリ。鰹節の香りがオイルに溶け出し、香りもご馳走

鰹節の香り成分は油に溶ける性質があります。なので、2つをボトルに入れておくだけで（分量はお好みで）、油に鰹節の香りが溶けて、〝出汁油〟になるんです。密閉容器に入れて、私は1か月くらいをメドに使い切っています。次ページの2品のほかに、豚肉を焼くとき、焼き餃子にも使います。

鰹節オイルのスクランブルエッグ

1. 卵2個をボウルによく溶いて、トマト半個はひと口大に。
2. フライパンに鰹節オイルを熱してから、トマトを焼いて、しんなりしたら
溶いた卵をジュワ〜っと入れて半熟状で火を止めて、余熱で卵とトマトに火を入れる。
3. 器に盛って、鰹節をパラリ。

〝鰹節塩〞(P42)、〝鰹節ふりかけ〞(P68)も合います。

鰹節パスタ

1. お湯に塩を入れてパスタ適量を表示通りにゆでる。
2. 鰹節オイルで炒める。
3. 盛り付けてからコショウと鰹節をパラリとかける。

これ、よくつくります。鰹節の味と香りが決め手のシンプル料理。

ガリガリ鰹節は調味料みたい

鰹節削りに慣れていなかったり、慣れていても保存していた鰹節を削り始めるときは、あえてつくろうとしなくても、ガリガリした鰹節や粉っぽい鰹節になりやすいです。

じつはこれが醍醐味でもあって。塩やコショウと同じように、ひとふりするのに使いやすい。

ときどきスーパーなどでも粉の鰹節を見かけることがありますが、私的にはまったく別物。香りはもちろん、削ったからこそ生み出せる食感のガリガリがアクセントにもなって。これが料理上手のひとつのアイテムになりつつあります。

また、この味わいに恋して「ガリガリ鰹節欲しいです」というお客さまも、じつは最近多いのです。

鰹節塩

ガリガリ鰹節に塩を混ぜるだけ。以前、旅先のイベントでしょうゆを忘れたので、削った鰹節に塩をかけたご飯を出しました。そのシンプルな味わいは感動もので、今は〝塩まぶし〟も提案しています。ですが、塩の量はほんのわずかで十分。鰹節が元来持っている味も効いているから。ちなみにお店で使っている塩は、淡路島の塩（末澤さんの〝おのころしずく塩〟）。

鰹節とごま油の冷奴

冷奴に鰹節としょうゆの組み合わせはよくあるけれど、私はごま油でいただきます。鰹節の色合いが美しくも映え、香ばしい香りが食欲をそそるから。右ページの〝鰹節塩〟をかけるのも美味しいです。

鰹節ドレッシング

オリーブオイルにガリガリ鰹節、酢を入れて、混ぜるだけ。分量はお好みで。私は、大好きなケールのサラダにかけて、さらに追い鰹。ちなみにサラダは、ケールを食べやすい大きさにちぎっただけ。これなら、料理が面倒な日でもできるから。

スイカにパラリ

スイカに塩をまぶして食べるでしょう？　その代わりに鰹節の塩味で。鰹節の旨味も加わって、スイカは体を冷やしてくれる食べ物なのに、なんだかホッと温かい味に。

二章

じつはカンタン！
幸せの黄金スープ

私のお出汁 ダイジェスト

一、

水1ℓに対して昆布10g。
昆布は肉厚のものがおすすめ。

鍋に昆布と水を入れて30分以上、できればひと晩置いてから、じっくりゆっくり火にかける。容器に入れて（右写真）冷蔵庫に入れておけば、お出汁が飲みたいときに、すぐ使えて便利。でも4〜5日で使うこと。

二、

一.を鍋に入れて温めフツフツ泡が出てきたら昆布を取り出す。うっかり沸騰させちゃう！なんてこともあるけれど美味しいよ♩ 海とつながる素材は私たちの味方だな。

三、

（香り重視のとき）

（濃厚味重視のとき）

二.を沸騰させる。鰹節を準備する。昆布と合わせるときは20gほどが好み。
（香り重視のとき）火を止めて鰹節を入る。「ふ〜」とひと息ついてから漉《こ》す（中写真）。
（濃厚味重視のとき）中火にして鰹節を入れ、少しぐらっとしたら火を止めて漉す（右写真）。
どれも美味しいから自分好みの鰹節の泳がせ方が見つかるよ。

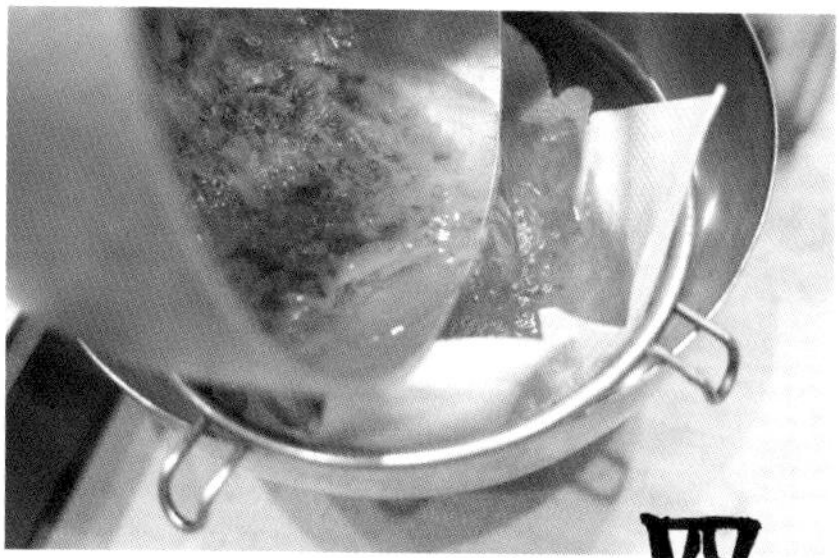

四、

漉すのは、一般的にザルの上にキッチンペーパーなどを敷いて漉す方法（右写真）。

でも、ペーパーが吸収する出汁すらもったいなくて思いついたのが、ボウルにザルだけ（左写真）。

さらに、ゆっくり漉せば鍋底に鰹節が残るから、ザルさえ使わなくなってきた。

削りたての鰹節なら、入ってもほぐれて口当たりよく、具材になってラッキーかも。

五、

出し殻を絞る？　絞らない？

出し殻を絞らなければ、透き通った繊細で上品な出汁（右写真）に。

出し殻を絞ると、鰹節のいろいろな性格がしっかり出た出汁（左写真）に。

私の場合は、まず絞らないで澄んだ出汁をとる。

次に別の容器に残った出し殻を絞って濃厚出汁をとり、2種類とも味わいます。

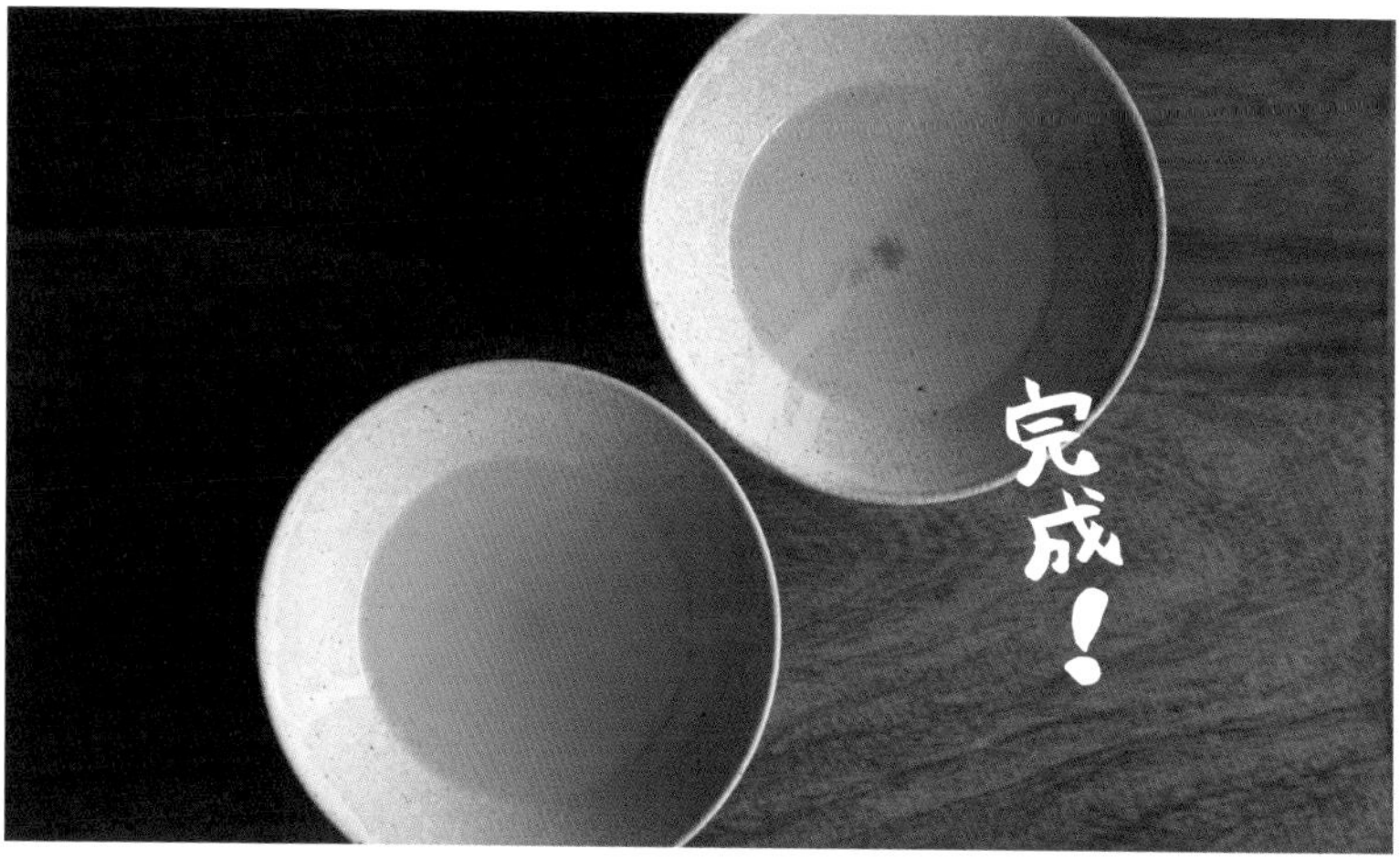

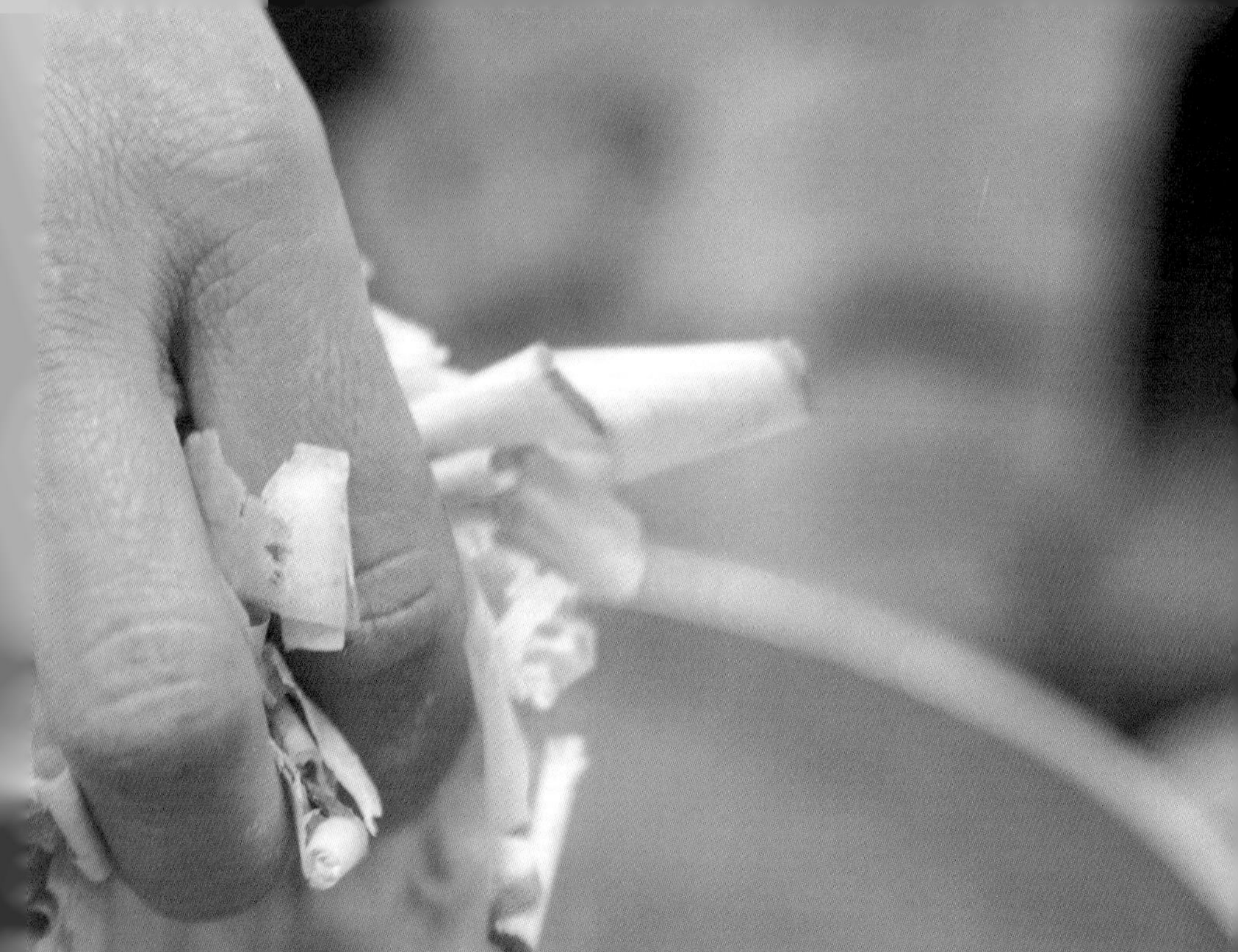

お出汁の物語

シュッシュガリガリ……
鰹節を削る。そろそろ湯が沸いた
ひとつかみ、ふたつかみ、鰹節を泳がせる
削りたての芳醇な香りがふんわり広がる。
鍋の中をのぞくと鰹節が天女の羽衣へと大変身
これが本当の姿なの？
美しく漂う鰹節の一枚一枚が愛おしい。
鰹節が沈んだところをさっとひく
あら不思議。黄金のスープが顔を出す……出汁。
まるで満月のようでその美しさにただ見惚れてしまう
なんだか自分からもいい一番出汁がひけたような気分
満月をすくってひと口、ごっくん。
体の隅々に広がる……余韻……旨味。
鰹節を削って出汁をひく。
それは毎回満月に出会える奇跡
今宵は空にも満月です

出汁はカンタン、自由

鰹節を削り始めて何よりの楽しみは、美味しい出汁に出会えること。

とにかく難しいことはいらない。


そもそも〝だし〟は「出し」「出汁」と書いて、鰹節や昆布などの旨味を含む食材を水に浸したり煮出したりして、旨味を抽出した汁のことで、もともとは〝出汁を抽く〟と書いていたらしい。

出汁は日本料理の味付けの基本と言われるけれど、世界には出汁の仲間がいろいろあります。西洋料理に使うフォンやブイヨン、中国料理で使うタンなど。これらは骨付きの肉や魚、野菜などの生の食材を長時間煮込んでつくる。

一方、日本の出汁は、コーヒーやお茶のように、短時間で成分を引き出せる特徴がある。

じつは〝おうちで簡単！　日本の出汁〟だったのです。


今ではおうちで出汁をひくのが楽しみな私も、そもそもは出汁をひくことはお料理屋さんや、料理上手なワンランク上の人がすることだと思っていました。

なにげなくそう思い込んでいたのは、〝難しそう〟の壁があったからです。

女性は大切な人ができると、自分磨きをがんばって、そうやって高めている自分が好きみたいなところもあるのかな。私は典型的にそのタイプ。彼氏ができたときに料理教室に通い始めて、そこでは最初に〝和食の基本〟ということで出汁を習いました。

「和食の基本はお出汁です」。そのフレーズに、「よし！　がんばるぞ！」と気合を入れたけれど、出汁をひこうとすればするほど泥沼の中へ。

その理由が、どの料理本を見ても、また料理人さんによっても全部出汁のひき方が微妙に違うことからでした。

例えば、水1ℓに対しての鰹節の量、抽出方法、漉し方……。一体どれが正解なの？

一番、泥沼にはまったのが数字でした。

「80度くらいに入れて」「1分したら漉す」

「5分置いたら漉す」などなど。

もう理科の実験のような気分。

それで結局、何も考えなくてもいい出汁パックに頼ることになりました。

そんな壁を壊すことができたのは〝かつお旅〟（かつおちゃんの造語で、産地めぐり、のこと）でした。

鰹節職人さんが、シュッシュッと削った鰹節をこれでもかと言わんばかりにお椀の中に入れて、そこに沸騰した湯を注いでくれたことがありました。

「これ……出汁？」

丁寧に、厳密にしないと美味しい出汁はひけない！というイメージを抱いていたので衝撃だった。

口に含むと、優しい香りと旨味がたっぷりの繊細な味。

「本当だ、すごい！　出汁に変わっている！」

さらに、最初は繊細なスッキリとした出汁が、時間を置くとしっかりとした味へと変化していく。

「あ〜最初の出汁も好きだし。時間が経った出汁も好き。両方好き！　どっちも美味しい」

丁寧にひかないと出汁は手に入らない。そう思い込んでいた壁が壊された出来事。

いろいろな出汁が楽しめる！　出汁ってカンタンかもしれない！

そして、出汁は自由なんだ！

旨味の魔法

「子どもがおうちに帰ってきてからも出汁の味が忘れられないみたいで、出汁をひきました」

「うちの子、普段お味噌汁あまり飲まないのに美味しい美味しいってずっと言うんです」。

食育のワークショップを開催した後日、そんなうれしい言葉をいただいたことがあります。


味は基本的に5つに分かれます。

「甘み」「酸味」「塩味」「苦味」そして「うま味」。

うま味は基本の味のひとつで、料理を美味しくしてくれる役割がある。

うま味以外の味は想像できます。でも、うま味って？　どんな味？

グルメレポーターさんのコメントで「これはうま味がすごいですね〜」なんて言葉をよく耳にするけれど、どんな味なのだろう？


調べてみると、さまざまな表現があるらしい。

なかでも、〝あとに広がる味〟〝余韻〟というワードで多く表現されている。

また歴史を紐解《ひもと》くと、出汁がたくさん登場する江戸時代の料理本のほとんどの味付けには出汁が使われていて、その理由のひとつが〝出汁に潜む濃厚な旨味〟だったそう。出汁のことを〝下地〟や〝甘湯〟と呼んでいて、この甘い感覚が旨味のことだったのだとか。

旨味の表現はじつに豊かですね。

〝出汁の味が忘れられない〟あの子どもたちは、旨味の魔法にかかったのだな。

さらに旨味は多くの食材に含まれていて、グルタミン酸（昆布など）、イノシン酸（鰹節など）、グアニル酸（干し椎茸など）があります。

もちろん削りたての鰹節だけのお出汁もスッキリとして美味しいですが、私は昆布と鰹節の〝合わせ出汁〟が大好き。このふたつを合わせる〝合わせ出汁〟にすると、旨味は1＋1＝2ではなく、それ以上に膨れ上がるそうなのです。

これは私も経験上実感しています。さまざまな場所で多くの人に、昆布出汁、鰹節出汁、合わせ出汁を試飲していただきましたが、合わせ出汁をひと口含んだときの歓声がどれだけ大きかったことか。

この合わせ出汁、今では当たり前のように口にしていますが、比較的近年まで東京ではあまり昆布を使っていなかったのだとか。主流は、鰹節だけの鰹節出汁だったそう。時代とともに出汁の流行も変わってきたのですね。そしてこれからも、変わるかもしれない？

出汁の先生

食いしん坊が出汁を生んだ!?

私が「出汁は自由だ！」と思った理由のもうひとつは、出汁の先生に出会ったからです。先生とは〝出汁を愛した歴史上の先輩方〟のこと。

日本人と出汁の始まりは、縄文時代に遡《さかのぼ》ります。土器をつくり、火を使い始め、食べ物を水とともに煮たことから、〝煮出した汁〟も美味しいと自然に知るようになったようです。

動物や、人が執着する〝美味しさ〟ってなんだと思いますか？砂糖、油、出汁。この3つと言われています。日本は昔、砂糖と油がない時代もあったので、必然と〝出汁〟の旨味をどうやって取り入れていくか、〝食いしん坊〟の本能を発揮していくのだな。

先輩方すごい！と感動したひとつは、今ではおなじみの出汁パック。それと似たようなものが室町時代末期成立の『大草殿より相伝の聞書』にあり、くぐい（白鳥）を煮るときに、削った鰹節を布袋に入れて煮出していたようです。『料理塩梅集 天の巻』（1668年）にも出汁布袋の記述があるようです。

出汁をひく工夫をしていたのだな。では一体どんな出汁のひき方だったのだろう。

日本料理が確立する江戸時代（ひと言で時代区分しても約３００年続くので、その時々の違いはあったと思いますが）出汁に関してさまざまな記述の本が出版されています。

「盛りを過ぎるとしつこい味となる。匂いも悪くなる。加熱しすぎないように」（１６７４年ごろ『古今料理集』）

「一定になるまで煮詰める」（１７４５年『伝演味玄集』）など。

さらには、出汁の材料を加熱せずに水に浸すだけでうま味を抽出した〝水出し〟も多く紹介されています。

明治時代の一例では「水１ℓに対して６〜12％の使用量で水の沸騰直前に鰹節を入れ、２、３回沸騰させせて火を止め、５分ほど静かに置いて漉している」（１９０７年『割烹丸書』）とあります。

現代、さまざまな出汁のひき方があるけれど、歴史を紐解くと昔も同じ。みんな自分のベストの出汁を求めている。だから出汁は自由でいいと私は思う。何よりも、出汁をひく心、出汁をとる心は日本の食文化がつないできた心で、実践することに重きを置いていくことが大切だな。

自分のお出汁のつくり方

ここでは私の経験上や調べたこと、先輩方から教わったことなどから出汁のポイントを知ってもらいたいなと思います。これはポイントというだけで正解ではありません。大切なことは出汁をつくることを楽しみ、実践していくこと。そうすればきっと自分リズムの出汁の愛し方が見えてくるはず。（実践方法はP46参照を）

その日の気分や好みがみんなそれぞれ違うから。自分好みの出汁を楽しむ。

「出汁をひく」「出汁をとる」と、2つの言い方があるけれど、私の感覚では、うま味を丁寧に抽出してあげるときが「ひく」で、鰹節の旨味やすべての味わいを丸ごといただくときが「とる」。

〃和食は引き算の料理〃と言い、〃素材の味を引き出す〃の意味で〃出汁をひく〃は、日本人として由緒正しい目指したい姿。

でも削りたての鰹節の出汁は丸ごと味わいたい気分にさせる。

〃出汁をとる〃スタイルも気軽で親しみやすい姿。

さあ今日の出汁はどうつくる？♩

①鰹節の量

1ℓに対して鰹節は2〜4%と言われています。つまり20g、30g、40g。

私は〝3%出汁〟、30gが大好き。昆布（10g）と合わせるときは20gにすることもあります。

また、30gって思ったより多い！と感じる人もいるかもしれない。私もそうだったから。

でもポイントは惜しみなく使ってあげると出汁が効いて、ほかに合わせる塩やしょうゆ、味噌の量を減らすこともできる♪ってこと。

じつは私、日々の暮らしの中ではかりはあまり使いません。大体の量を覚えているのもあるけれど、自分の加減で！　適当！でいいじゃん！

もし入れて「ん？　薄い？」と思えば足せばいいし、きっちり計らなくても出汁をつくることはできるということ。

②ひき方&とり方

◎出汁と温度

出汁をひく最適の温度は85度前後と言われています。これは鍋の中のお湯が沸き始めて水面に小さな泡が浮き出すとき。

だから「沸騰直前で火を止めて鰹節を入れる」とか「沸騰した湯を止めて1分してから鰹節を入

れる」とかよく言われている。

実際に実験してみると、火を止めて、ちょうど1分冷ますとこの温度帯になりました。

私は、本当に丁寧なときしか火にかけた鍋に張り付いて見ることがないので、大体湯を沸騰しすぎていたり、まちまちで。いつも入れるタイミングは違うけれど、間違いなく美味しい削りたての鰹節が効いた美味しいお出汁。

◎**出汁と香り**

削りたての最大の武器、香り。この香りは高い温度で飛びやすいので香りを楽しみたければ鰹節を入れてからさっと取り出す。〝さっと〟とは、入れた鰹節が沈んで「ふう〜」と休んだのを見届けてから、のタイミング。大体で。私は鰹節が泳いでカツオに戻っているのかもしれない♩なんて思いながら見届けています。

だから、ときには2〜5分、弱火で煮出すこともある。香りは少し飛んでしまうのかもしれないけれど、その代わりしっかりとしたいい味になる。

煮出すとえぐみや酸味も出ると言われているけれど、じつはそれがあってこそ鰹節出汁の味になる。だからダメじゃない！　フレッシュで香り高い削りたての鰹節はそんなことも調和してくれるって思っています。アバウトにやりながら出汁を楽しんで、毎回美味しいから、どれもこれも大正解♩

③漉し方

一般的にはボウルにザルを重ねて、その上にキッチンペーパーなどを敷いて漉す。

でもあるとき、ペーパーが吸う出汁すらもったいないと思い始めた。キッチンペーパーがないときだってあるじゃないですか。それでザルへ直接こし始めました。変わらず美味しいです。出汁はどんなときも味方だな。

さらには鰹節の出汁にはうま味のイノシン酸などは溶け出すけれど、ほとんどのアミノ酸が残っていることを知り、もったいないと。そのまま鰹節を入れたり、漉すときに鰹節が入ったらラッキーと思うようにもなった。本当にたくさんの楽しみ方がある。

④絞るか、絞らないか

この、出し殻を絞るか絞らないか問題。

基本的に、出し殻を絞らなければ透き通った繊細な出汁になるし、出し殻を絞ると鰹節の中の特徴的な酸味など、たくさんの味わいでしっかりした出汁になる、と思う。

絞らない出汁を楽しんで、ほかの容器に絞った出汁を保管するときもあるし、勢いよくぎゅっぎゅっとオタマで押し絞るときもあります。

お出汁DAYS① 今日は時短のお出汁DAY

ああ食欲ないな。二日酔いだわ。生理痛がツラい。めんどくさいなあ……。

1日1日たくさんの感情があふれ出る。そんなときは、ドラえもんのポケットから出てきたような〝時短出汁〟の『かちゅー湯』と『茶節※』がぴったり！

かちゅー湯は沖縄県の、茶節は鹿児島県の郷土料理のひとつ。どちらも、疲れたとき、風邪、二日酔いなどの体調の悪いときに食すると、体調が回復すると言われている。

あと、やっぱり昔、鰹節職人さんがつくってくれた衝撃の一杯のこれも好きだなあ。

ポットで湯を沸かして、削った鰹節を入れたお椀に注ぐ〝ストレート鰹節出汁〟。

不思議とこれだけなのにご馳走のような満足感。

そこに、しょうゆをちょろりと入れたら即席のお吸い物に。

こんなに簡単でも、手を抜いているわけではありません。

私、本物の天然出汁きちんととっています！

※茶節……たくさんの鰹節と（麦）味噌をお椀に入れて、お茶を注いでよく混ぜる。

かちゅー湯

鰹節をやや厚く削る。味噌をお椀に入れて熱湯を注ぐ。そこへ長ねぎや溶き卵を入れることも。

鰹節酒

かちゅー湯の応用編ですね。お酒に鰹節を入れて飲む。ひれ酒みたいなもの。お酒は日本酒か焼酎。ハイボールに入れることもあります。

お出汁DAYS② 今日は丁寧にいただきますDAY

忙しくてごめんね。私へ。大切な人へ。

今日はお休みだから少し早く起きてみた。前日に昆布と水を入れておいた鍋を冷蔵庫から取り出して温める。その間に鰹節を削ろうかな。

「おはようございます」。鰹節も眠いのか、粉になる。いいや久しぶりだからだ。久しぶりに手にする鰹節の削ってあった断面は乾燥している。よく見ると断面が白っぽい。シュッシュッ……削り続けると、中からかわいい紅色の肌を見せる。

忙しい毎日の中で削るときは時間が止まる。自分と向き合う、自然の生命と向き合う大切な時間。


昆布は水から。鰹節は湯から。心に刻んであるシンプルな私の中の決まりごと。

鍋の昆布水が沸く前に火を止めて昆布を取り出す。再び加熱して沸騰したら火を止めて、削った鰹節を泳がせるように優しく入れる。

ゆらゆら……。長い間保存食として究極に乾燥していた鰹節が、カツオに戻り、泳いでいる。

お鍋の中ではさらに神秘的なことが起こっている。

昆布と鰹節。この〝ふたり〟がお鍋の中で出会い、結婚式をあげるのです。ふたりの幸せそうな姿に拍手を送りながら2分ほど経ったかな、用意しておいたボウルにペーパーを敷いたザルを重ね、〝合わせ出汁〟を注いでいく。ザルを持ち上げると、愛のスープのでき上がり。今日はどうしよう。でもなんとなく素敵な結婚式を見たから絞らないでおこう。

丁寧にひいた出汁に、味噌を溶いて、わかめと豆腐を入れようか。テーブルには、炊きたてのご飯、一番出汁のお味噌汁、梅干しや納豆を並べる。

お出汁の香りが空間まで演出してくれる。

「いただきます」。ああなんて幸せな朝。なんだろう。ほっとする。心も体もゆるんでいく。気持ちいい朝。

鰹節を削って丁寧に出汁をひく。心に豊かさをくれるとっても素敵な日本の食文化。

丁寧な日の出汁のおかず

出汁巻き玉子"追い鰹"のせ

みんな大好き出汁巻き玉子、ではないでしょうか？
私はメニューにあると必ず頼む。
出汁をたっぷり効かせて、ジュワ～っとあふれ出てくるくらいのゆるゆるが好き。
冷めても美味しいから不思議、出汁の力。
追い鰹した鰹節のゆらゆらも、目のご馳走になる。

（作り方）

1. ボウルに卵、てんさい糖、しょうゆを入れてよく溶き、出汁を加えて、さらに溶く。

2. 卵焼き器を十分に温めて弱火にし、米油をひいて、**1**を少しずつ入れる。

3. お箸かへらで、巻いていく。

4. 巻いたら**1**を少し加えて、さらに巻く。これを繰り返す。

5. **1**を全部巻いたら、まな板に移し、切る。器に盛り、食べるときに、鰹節をのせる。

（材料）

卵　3個
てんさい糖（砂糖）　5g
薄口しょうゆ　小さじ2（10ml）
出汁　70ml
米油　適量

出汁をとったあとのご褒美①

しょうゆにみりんと砂糖を合わせた「かえし」。ペットボトルや密閉容器がなかった江戸時代に、しょうゆの鮮度を保つために考えられたとも言われています。それを出汁で薄めたものが「つゆ」。

私はこのかえしを、つくれるときにつくって常備しています。

出汁と割って蕎麦などのつゆに、煮物、すき焼きの割下、何にでも出汁とセットで楽しめます！　単体でも便利。だいたいの和食の味付けはこの材料でできるから、適当に入れて味が完成するなんてことも（笑）

かえしと出汁で、私がよくつくるのが、ラーメンや揚げ浸し。

飲んだあとにも、家に帰ってからちゃちゃっとつくることもあります。

ラーメンスープが家で数分でできるなんて、びっくりでしょ？

（材料　作りやすい分量）

しょうゆ　200ml
みりん　40ml
てんさい糖　40g

（作り方）

材料（5：1：1の割合）をすべて鍋に入れてひと煮立ち。粗熱が取れたら容器に入れて、冷蔵庫で保存。砂糖はお好みで減らしても。

なすの揚げ浸し

なすの揚げ浸しは、なすを鰹節オイルで揚げ焼きして、かえしを出汁で2倍に薄めた汁に浸すだけ。温かくても、冷めても美味しい。いただくときは追い鰹!

かえし活用
懐かしい昔らーめん

かえしがあれば、
ほんの数分でできるんだから。
なんだか得した気分です。

(材料　1人分)

かえし　大さじ3強(50ml)
出汁　2カップ(400ml)ほど
中華麺(市販)　1袋
小松菜　2枚
長ねぎのみじん切り　適量
鰹節オイル(P40)　適量
ごま油　お好みで

(作り方)

1. 鍋に出汁とかえしを入れて、ひと煮立ち。
2. 麺を表示通りにゆでる。
3. 小松菜を鰹節オイルでソテーする。
4. 器に**2**を入れて**1**を張り、**3**と長ねぎをトッピング。
5. ごま油をかけると中華風に。

1

4

出汁をとったあとのご褒美②

お出汁のあとに残った、鰹節の出し殻。残り物、そんなイメージを抱くかもしれないけれど、じつは栄養がぎっしり詰まっているので、使わないともったいない。

鰹節は出汁を楽しみ、そのあとの出し殻までのご褒美をくれる。

このふりかけ、もちろんそのままお米と一緒に食べてもいいし、サラダにかけたり、チャーハンに入れたり、炒め物にと万能。ですが一番のおすすめは、アイスにひとふり。これ、やみつきになります。

ふりかけ

（材料）

出汁をとったあとの鰹節
てんさい糖
薄口しょうゆ　各適量

（作り方）

1. フライパンに鰹節を熱して水分を飛ばし、ホロホロにする。
2. てんさい糖を加えて、炒《い》る。
3. しょうゆを入れて、まんべんなく色が濃くなるように、よく炒る。
4. 保存容器に入れて、冷蔵庫で保存する。

1

2

3

意外だと思うでしょう？　これが美味しい。かつお旅のときに〝みたらし餡のソフトクリーム〟を食べたことがあって。みたらしの材料もふりかけの材料もほぼ同じだから美味しいのでは？と合わせたら、我ながら大ヒット♩

三章

手削り、やってみよう！

削り方の参考書

削りたての鰹節のいろんな顔

「鰹節が上手に削れません」

そんな声を聞くことが多くあります。きっとそれは、私たちが身近で手にすることの多い、袋に入っている鰹節が〝薄くて花びらのよう〟な形状をしているからではないでしょうか？　確かにあんなふうにヒラヒラと削ることができたらうれしい。

私も実際、ガリガリ鰹節も大好きだけれど、薄く削れたときは「やったー！」のガッツポーズ。でも鰹節削りは、削り器の刃の部分に鰹節を当てて、ガリガリ、クルンと渦巻き、ヒラヒラ。どんな形状でも、削り器の箱の中に鰹節が出てくれれば、それはちゃんと削れている。

ガリガリは食感を出してくれたり
クルンと渦巻きはトッピングになってくれたり
ヒラヒラは美しさを演出してくれたり。
それぞれの役目と美味しさがある。自分の好みもプラスされる。
鰹節が出ていれば、どんな形状でも削れている証し。
とにかく削りたては美味しい！　そんなたくさんの笑顔を見てきたから。

だから、鰹節の削り方の正しい教科書はないけれど、経験上のポイントと想いをお伝えします。でも心にしまっておいてくださいね。〝鰹節を削って、暮らしの中に本物の味をプラスする〟ことが何よりも大切なので。鰹節のように力まず、堅くならずに。とにかく削って美味しく楽しく。

一、鰹節よし、道具よし、気持ちよし

鰹節を削るのに用意するもの

●鰹節

誰がつくっているかがわかるとより美味しくなると思っているので〝顔の見える〟鰹節をおすすめします。また、元のカツオの、どの部位からつくったものかでも味の特徴や削りの特徴も違います。

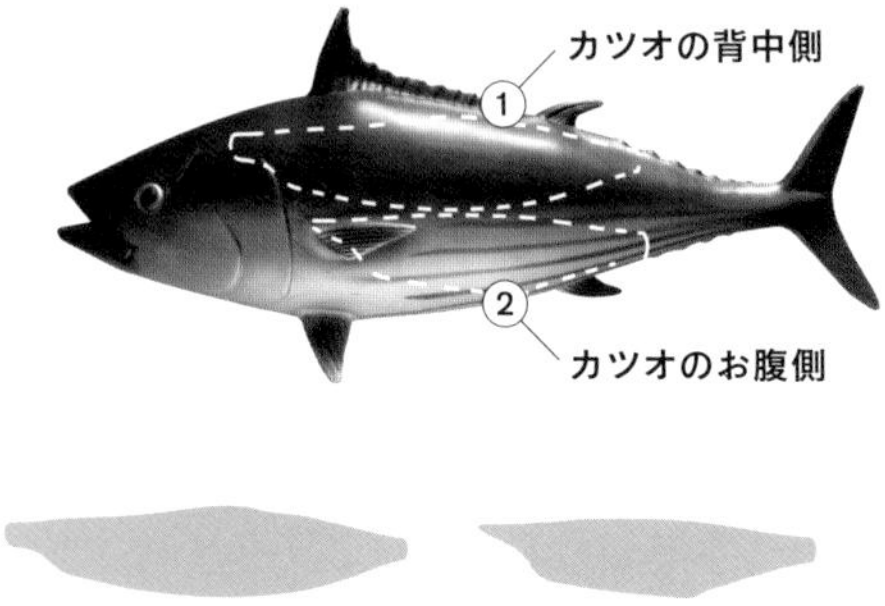

① 男節（おぶし）

香りが広がる。脂少なめでスッキリとした出汁に。

② 女節（めぶし）

くぼみがあるのは、そこにカツオの内臓があったから。脂肪分たっぷりで、ふわふわの粉になる。コクのある出汁に。

〈顔の見える鰹節屋さん〉

カネサ鰹節商店さん	https://www.canesa.net
坂井商店さん	https://katsuobushiou.com
竹内商店さん	https://shop.nihonmono.jp/collections/producer-6
カネモ鰹節店さん	https://www.rakuten.ne.jp/gold/kanemo-katsuobushi/
金七商店さん	https://www.kaneshichishoten.jp/shopbrand/all_items/
にんべんさん	東京・日本橋の本店に行くと産地ごとに直接見て選べる。 東京都中央区日本橋室町2-2-1COREDO室町1・1F　tel：03-3241-0968

●ペーパー、布、ブラシ

鰹節の周りについたいいカビ（微生物）を拭い落とすのに使用。ペーパーや布は、いずれも〝乾いたもの〟で。

●木槌《きづち》、トンカチ

削り器の刃の出し入れを調整するのに使用。木槌が軽いと調整しづらいのでトンカチでもOK。

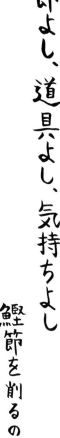

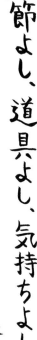

●鰹節削り器

鰹節削り器は本来、大工さんの使う〝カンナ〟を使用してできている。鍛治職人（カンナの刃をつくる）、台入れ職人（刃を木の台に仕込む）、箱をつくる職人、箱に塗装する職人の計４人の職人さんの力が合わさり、1台の削り器がつくられます。

削り器にはさまざまあり、刃が工場機械生産か、職人の中でもその実力などでピンキリ。さらに値段が高ければいいというわけでもなく……。なので、一概に何がいいってお伝えしにくいです（汗）。

でも私は、この本を通して鰹節を削るプロになってもらいたいわけではなく、暮らしに取り入れる楽しさを味わっていただきたいので、まずは〝人それぞれに合ったもの〟を選んでみて。お財布と相談して、使い勝手（大きさとか）や、自分自身のテンションが上がるデザインから選ぶことも大切ですよね。ちなみに私は、最初はおばあちゃんの削り器の刃を研ぎ直してもらい、慣れてから少しずつバージョンアップの削り器を手に入れていきました。

〈実際に私が使ったことのある中でのおすすめ〉

SHAYOさん　https://www.shayo.co.jp/katu/list.htm
削り器の相談や道具のメンテナンスまで面倒をみてくれます。かつおちゃんがお店で使っている削り器もここの。

日本鰹節協会推奨の「けずりっ子」　http://www.katsuobushi.or.jp

小柳産業の鰹節削り器「鰹箱　いろり端　旨味」　https://oyanagi.buyshop.jp/items/22330816

●削る心

削る人も道具も鰹節も生きている。だから鰹節を削ると、気持ちがそのまま反映されるなって思います。穏やかな気持ちだと優しい鰹節、ギスギスしていれば力強い鰹節。

削る心が鰹節に読まれてしまうので大切だなと。ハートで削る鰹節。

二、鰹節を削るときのスタイル

1

「お疲れさまでした」のカビを拭《ぬぐ》う

鰹節の周りにはいいカビ（微生物）がついています。鰹節を美味しくしてくれたり、乾燥や悪いカビなどから守ってくれたり。鰹節をガードするベールのような役目。「お疲れさまでした」。布などで拭い落とします。

水で洗ったりすると雑菌が繁殖したり、新たに悪いカビが発生する原因にもなるので、乾いた布やペーパーで拭くのが無難でおすすめ。

2

力をのせる環境づくりこれかなり大事♪

鰹節は堅い。それは、美味しくなろうと頑張ってくれた証しです。この堅さを削るには、〝力をのせて削る〟ことが大切。

そのために

①削り器は腰より下の位置（高さ）にセットする

上から力をのせてあげると削りやすいからです。

②鰹節は両手で削りたい

片手だと不安定になりやすく、力をのせづらいため。削り器が動かないように、濡れた布巾や滑り止めマットを敷いたりするのもいいけれど、さらに強化した方法は、壁側に長さのあるものをはさんで削り器を固定することです。

これらのポイントをすべてクリアできる私の大～好きな削るスタイルが、床で両膝の間に削り器をはさむ姿。腰より下の位置ＯＫ！　固定ＯＫ！

家ではもちろん、野外でも芝生やビーチ、どこでも両膝ではさんで鰹節が削れちゃう♩

腰より低い位置にセットして。

床に座り、両膝で削り器をはさんで削る。

削り器の高さより低く、長さのある保存容器などを壁との間にはさんで削る。

自分のスタイルで

三、鰹節の向きと持ち方

◎削る方向

自分の頭とカツオの頭側が「こんにちは」と向き合うようにセットする。私の経験では、逆になると粉状になりやすい。でも削れないわけではないので、ご安心を。

カツオの頭とお尻の見分け方のポイントは、ザラザラとした部分（皮）を探す。ザラザラ皮がついている部分＝カツオのお尻側。……ということは、ない方向が頭側♩

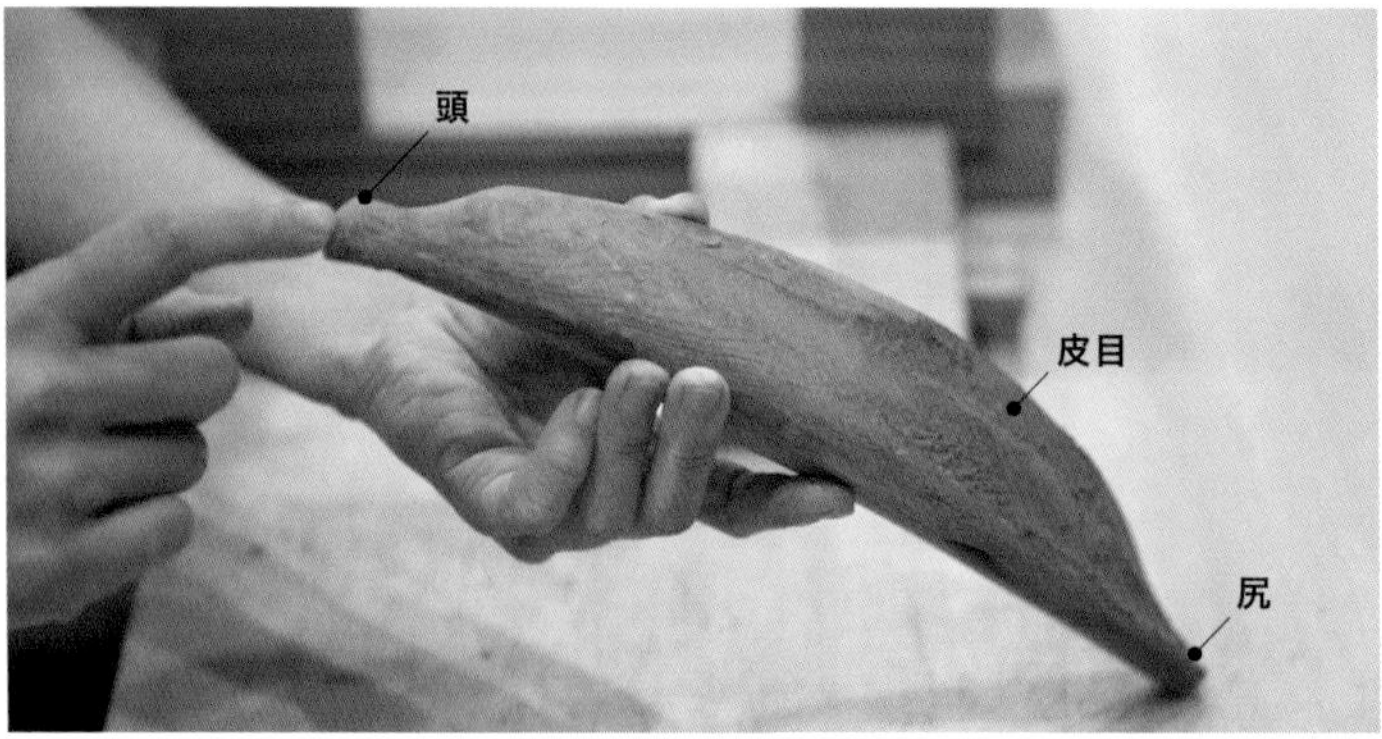

皮目を上にして、鰹節の頭と自分の頭が〝ごあいさつ〟。

◎持ち方

鰹節の上に利き手の手の平を置き、その上にもう片方の手の平を重ねる。手の平でしっかり押さえて〝ぐいっ〟と力をのせて押し込んであげるイメージ。私は〝カツオと泳ぐ〟イメージでいつも削っています～。

◎削り方

2種類あります。

・鰹節を立たせるスタイル（上）
鰹節の頭側の膨らんでいる部分を刃に当てることで角度ができて、手が安全。

・鰹節を寝かせるスタイル（下）
鰹節の皮目を上にした状態で下側の出ている部分を削っていく。削る面が広くなるほど長い鰹節が削れる。

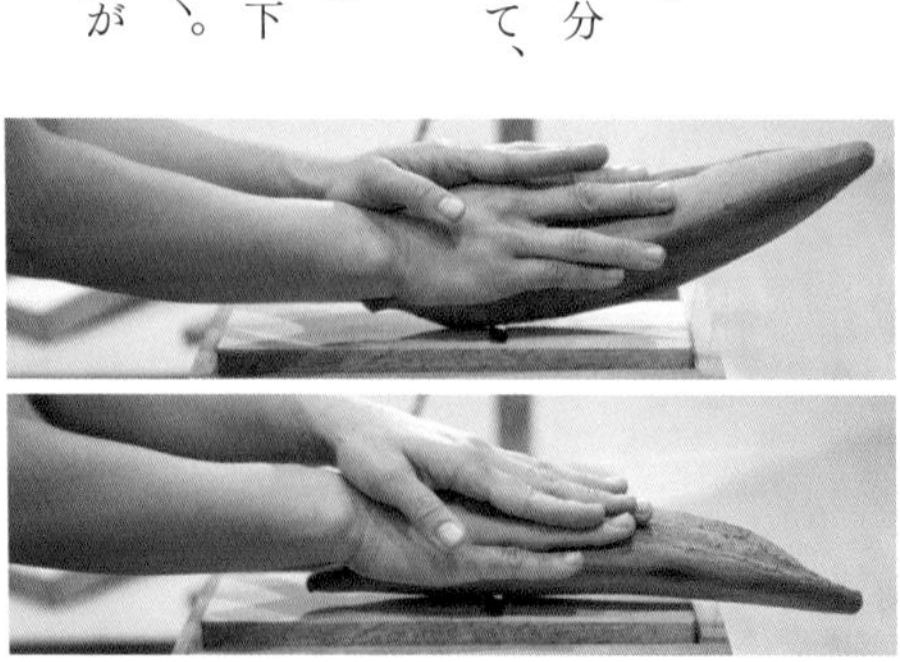

上／立たせるスタイル　下／寝かせるスタイル

四、刃を出し入れしながら実践！

木槌で刃の出し入れを。シュッシュかガリガリか？　どんな鰹節が削れるかな。

刃の出し入れをしたら必ずどんな状態か確認を。そうすると次第に感覚がつかめます。

◎〝ガリガリ鰹節〟をつくるとき

刃を少し出すだけでガリガリ鰹節に。出しすぎると削りにくくなるので、いい塩梅をつかんでいこう。音はガリガリ鈍い。削った鰹節本体の断面はザラザラ。パラリとかけるリズムはこれです。

（※初めて削る人は慣れるまでガリガリ鰹節になりやすい）

・刃の出し方

刃の部分を木槌でたたく。たたいて刃がどのくらい出たかを見ながら実際に削ってみて。どれくらい出したらどんなガリガリ具合になるか感覚を楽しもう。

刃を出すとき。刃をトントンとたたく。

◎〝ひらひら鰹節〟をつくるとき

刃が見えるか見えないか（コピー用紙1枚分の厚みくらい）まで引っ込める。音はシュッシュッと軽い音。削った鰹節の断面がツヤツヤと輝く。

（※ひらひら薄い鰹節がつくりにくくなってきたら道具も疲れているのでメンテナンスを。p80参照）

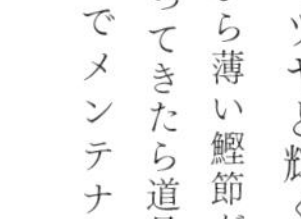

・刃の引っ込め方

カンナの〝頭〟の左右を同じ回数木槌でたたく。たたいたら刃の出具合がどんな感じか確認して実践！　削ってみる。

台の頭を左右同じ回数たたき、平行に刃を出そう。

鰹節削りは生き物

私たちと同じように鰹節と道具も生きていて、それぞれ個性があります。それらについて知ることも愛。

◎鰹節を削ると…

・スキ（すき間）があったり（右）
・〝しらた〟という酸化した脂肪が見えたり（真ん中）
・赤身（左）など。

私は元のカツオの個性としてとらえ、自然体で無理のないそれぞれの生き方に〝生命〟を感じています。

◎道具も生きています

刃は水に濡らすと錆びるし、何より大切なのがカンナの木の台の部分。木は常に呼吸していて、伸び縮みしているんです。

木の台が正しい状態でないと薄く削ることが難しくなります。かつお食堂で食べるような鰹節（ふわふわ口どけ）を削りたい方は必ず、刃はもちろん、台のメンテナンス（直し）が定期的に必要です。削り器の購入先でメンテナンス先をたずねてみてください。

私はお店で削るときは毎日、台のメンテナンスをしています。ふわふわな鰹節が削れているのは、きちんと手入れした道具のおかげです。

鰹節の保存方法

保存について伝えたいのは、冷蔵庫のない時代に先人たちが築き上げたこの食文化、そんなに弱い性格じゃない（笑）。鰹節には生きる力があります。

鰹節を削ると、削った面から酸化と乾燥が始まります。鰹節の内部まで進むには時間がかかると言われるので、削るたびにフレッシュな鰹節を手に入れることができるのは間違いない。

削って少し置いておくと、赤い身の削った面が主に酸化によって白っぽく変色（下段写真上）。さらに、筋肉の層が重なった身には境目があり、乾燥が進むとその境目に割れが入って縮緬状になる場合も（下段写真下）。

乾燥すると、削り始めは必ず粉になることも特徴です。私はこの粉が大好き。炒め物などに隠し味でパラリと入れると香ばしくなる。P38-43のレシピのように楽しめます。削り進めば〝花びら〟になります。

鰹節は保存料無添加の美味しい食べ物。カツオブシムシと呼ばれる小さい虫が春先には、よってくることもありますので、気になる人は冷蔵庫へ。

私は、ラップやジ保存袋に入れて風通しのいい場所で室温保管しています。暑くなってきたら冷蔵庫へ入れることも。でも、冷蔵庫に入れっぱなしにすると乾燥が進んで、粉になる！　昔は囲炉裏の灰の中に入れて、虫と乾燥から鰹節を守ることもあったそう。

鰹節はとってもいい子。かわいがってあげてください。

表面が白っぽくなる。

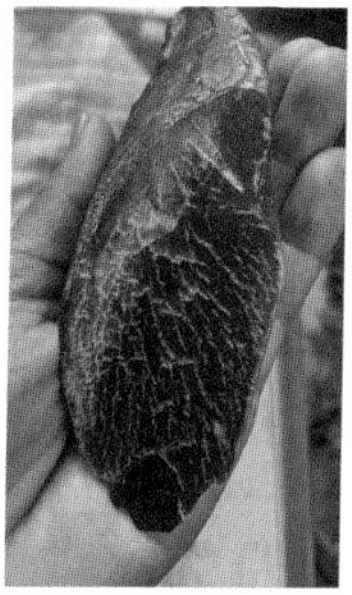

ギザギザがちりめん状。

小さくなった鰹節の行方

鰹節は手で押さえて削るので、丸々1本削りきることができません。
小さく残った鰹節は、ぬか漬けをしている人は、そこに入れると味がよくなったり、味噌につけると味噌の味わいが深まったり。しょうゆのボトルに入れて〝出汁じょうゆ〟にして楽しむこともできる。

私の楽しみ方は、やっぱりお出汁。鍋にたっぷりのお水と小さくなった鰹節を入れてググッ30分くらい煮込むと、濃厚な鰹節出汁ができる。このとき鰹節は、包丁でザクザク細くできるくらい柔らかくなるので、ミキサーにかけてさらに細かくしたもので佃煮をつくることもあります。

最後に残った小さい鰹節でも、十分濃厚な出汁になる。最後の最後まで、仕事してくれます。

水分を含んだら、包丁でも切りやすくなる。けれど、時間が経つとまた堅くなるのでご注意を。

（まとめ）鰹節はみんな削れます

難しそう。そう初めは思う人もいるかもしれません。鰹節は堅いし、自動ではないので削るには力ものせてあげる必要がある。でも、私が大切にしていることなので繰り返しお伝えしますが、どんな形状でも、鰹節が出てくればそれは削れている証しです。

鰹節を削り始めた頃は、持ち方があることも、向きがあることも何もかも知らない状態でした。何の道具を揃えたらいいのかも知らず、木槌やトンカチもありませんでした。削られた鰹節は粉や、細かいガリガリ鰹節。そんな削られた鰹節すべてが愛おしく、おいしかった記憶は今でも覚えています。

削る香りや音が魔法をかけるように、家族も笑顔になり、食べることが豊かになった。

どんな形状の鰹節も間違いなく本物の自然の味わい、香りで、食卓に人を引き寄せる不思議なパワーがあると思っています。

また、全国各地で鰹節を削る体験の場を設けてきましたが、子どもも小さい手でしっかりと鰹節を握りしめ、大人と一緒に立派に削る姿も見てきました。

削っても、削っても鰹節が出てこない？　よく見ると口の周りは鰹節の粉だらけ。本能かな？　削りながらパクパク食べてしまうのは。

「どうしてこんなに堅いの？」「これ魚？」。素直な疑問も飛び交い、美味しく楽しい食育の始まりです。

こういう風景が暮らしの中で、お母さん、お父さんと一緒に食を育む時間をつくることができたら素敵ですよね。その記憶は財産だと思います。

お金にはかえることのできないたくさんの魅力を持っている鰹節削り。美味しく、楽しく、みんなの暮らしがハッピーになる。私はそう思っています。

鰹節手削り料理日記

コロッケにも鰹節。
じゃがいもに鰹節
風味がついて美味
しい。この応用で、
餃子の具材に鰹節
を入れることも。

鰹節アート♩
お弁当に♡、
キャラ弁の感覚で。

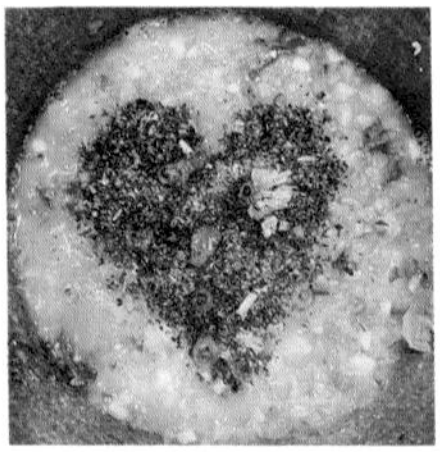

いろんな具材が入って華
やかなビビンバに、鰹節の
かわいいピンクはさらに
華やかさを添えてくれる。

食パンと鰹節もメチャクチャ相性がいい！　バターを塗って鰹節をかけるだけ。海苔やしらすとかをのせても美味しい。

オムライスなどの洋食にも合う。出汁餡をかけたり、上からパラパラとしたり。見栄えもきれい！

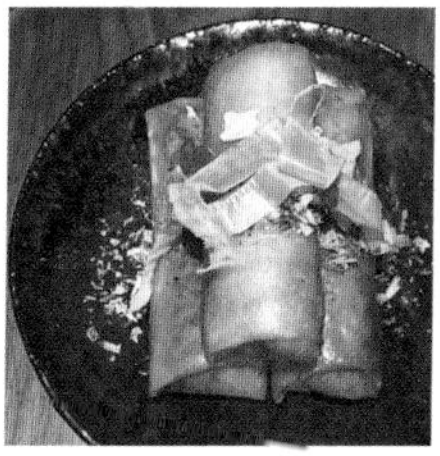

チョコにも、ガリッと削った鰹節。クランチみたいな役割をしてくれて、甘さと塩味のバランスがすごくいい。

鰹節のワンダーランドやぁ〜♫

山形の夏の定番“だし”。きゅうりやなすのみじん切りに昆布を入れるけれど、そこに鰹節も。入れるだけで、合わせ出汁を食べている感覚に。

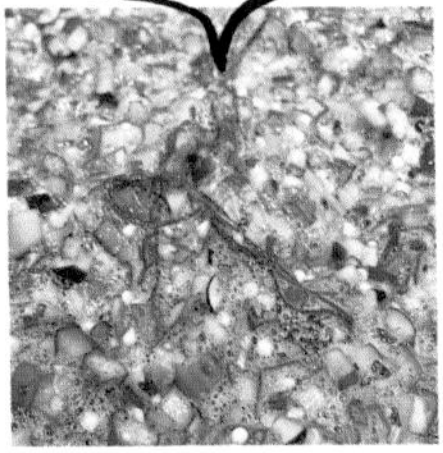

チャーハンは炒める最初に鰹節を入れる。鰹節の塩味がいい働き！プラスする塩が少なくてすむ。シンプル、薄味で、キマル♪

ただのキャベツだけれど、鰹節をワーッとかけて巻いて食べる。アウトドアにもぴったり。これだけで楽しめる一品に。

よだれがつお

カツオon鰹。カツオのうまみがダブルパンチ。お刺身のカツオに、ほかの薬味と一緒に鰹節をパラリ。かけるしょうゆは控えめに。

鰹節ご飯に手作りの"鰹節バター"を。ペットボトルに生クリームを入れてよく振って、固まってきたら、鰹節と塩を入れる。

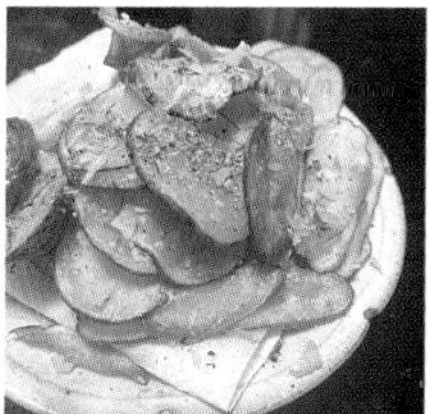

薄く切ったさつまいもを揚げたチップスに、鰹節と塩パラリ。おやつにつまみに、ヤミつきの鰹節。

四章

鰹節の愛を育む

〜歴史やつくり方、種類のこと〜

鰹節はみんなのお母さん。
昔、昔から……お母さん、おばあちゃん、
ひいおばあちゃん……その前の前の……。
ずっと一緒に歩んできたよ。
あるときは戦の大切な携帯食になったり
あるときは素材を引き立てる出汁になったり
あるときは縁起物として
引き出物にも選ばれてきた
心も体も元気にしてくれて、
〝ホッと安心する存在〟
いつまでもこれからも鰹節は
ずっとみんなのお母さん。
たくさんの食があふれる今、
「お母さん、ごめんなさい。最近不規則な食生活でした」
そんな私を、僕を黙ってギュッと抱いて愛してくれる
いつだって「おかえり」と。

微笑む姿、温もりに、
何歳になっても甘えたくなっちゃう
ある日、無償の愛で包んでくれる
そんなお母さんのために
できることってなんだろう？って、思い始めた。
「お母さん、いつもありがつお」
どうやって生まれたの？
どんな人生を歩んできたの？
どんな今があるの？
考えると、お母さんのこと知らないことだらけ
だからまずは知りたいって思った。
知ることが第一歩だよね
愛を育もう。私たち、日本の味〝鰹節〟

鰹節の最高峰
〝本《ほん》枯《かれ》節《ぶし》〟

職人さんへ感謝を込めて

鰹節を削ったら、ご飯に盛ったりお出汁をひいたり。その使い方はとても簡単でシンプル。でもその中には、想像もできないほどのたくさんの人が関わっていることを、10年前から始めた産地めぐりで教わりました。

鰹節の最高峰である〝本枯節〟は、丁寧に水分を抜かれ、とても堅い保存食です。そこから元は、あの柔らかい身をした魚のカツオだったということを誰が想像できるでしょう？

茶褐色のベールのような衣を身にまとい、美しく凛としている姿をパキン！と割ると、美しい紅色の輝きが顔をのぞかせる。

カツオは赤い身をしています。

広大な海を泳ぎ回って生きるためにはたくさんの酸素が必要で、ヘモグロビンとミオグロビンという鉄分を含むタンパク質が体に酸素を補給します。酸素を効率よく体に取り込み、持久力を蓄えるためにフル稼働しているこの2つの色が赤色で、カツオの身の赤色を生み出しているのです。

そしてその身は、本枯節となるとさらに宝石のごとく深い紅色に輝きます。まるでカツオにとっての第二の人生を迎えているようではないですか。

カツオにまた命を吹き込み、日本伝統の味を守り続けてくれる鰹節職人さんの姿には、繰り返し足を運ぶなかで毎回、ただただ感謝の気持ちしかありません。


「鰹節屋は儲からない。水が増える商売は儲かるけれど、水を減らしていく商売は儲からないんだよ。中でも本枯節は重量を6分の1までに水分を減らしていくからね」

「先人より伝えられてきた製法や味を受け継ぎ、守り、残していくために努力しています」

「本枯節の美味しさを伝え、家庭で当たり前に使われる食文化を再生させたい」

「最初から最後まで気が抜けない」

「手間ひまを惜しまず、丁寧にじっくりと時間をかけてつくること」

「割りに合わないけれど、美味しい笑顔を見たいから」


大変な仕事の中にあふれる職人さんたちの想いや、その想いのもとになされる手作業や身のこなしについてはどんな教科書にも載っていない。けれどそこには、私たちの心に刻んでおくべきことがたっぷりと詰まっている。鰹節を削りながら、鰹節づくりの現場の風景や職人さんの言葉がふとよみがえります。

そんな伝統を紡いできた本枯節は、じつは今、未来への存続の危機に直面しています。このままだと未来に見ることができるのかわからない。鰹節をつくりながら、その合間にワークショップや食育活動をして、その魅力を届けていこうという職人さんたちも多いです。

そんな現状を踏まえ、私たちにもできることってなんだろう？　それは「鰹節を手削りすること」だと思います。

自分のペースでいいから少しずつ暮らしに取り入れる人が増えたら、その魅力を感じる人が増えたら、もっと価値を上げることができるかもしれない。

いきなりは難しければ顔の見える職人さんのサイトなどをのぞいたり、袋詰めの鰹節を買ってみたり、暮らしへの取り入れ方はいろいろだと思います。

単なる食べるモノではない鰹節の世界をひとりでも多くの人が感じ、子どもたちへ、またその子どもたちへとつないでいく――。日本全体でそんな波ができていけば、本枯節の運命も変わるかもしれないな。

ねぇ、どうやって生きてきたの？　本枯節が生まれるまで

◎カツオとの始まり

鰹節の始まりはひとつの命、カツオから。

カツオのふるさとは日本を南、南へ下った太平洋の真ん中、インドネシア、パプアニューギニアの赤道あたりと言われ、ママカツオは多くの卵を産む。生まれた卵の大きさはわずか１㎜ほど。ある程度大きくなった一部の赤ちゃんカツオが日本へもやってくる。

「ご飯！　ご飯！　好き嫌いなく何でも食べ、大好物はイワシ類」。ラグビーボールのような紡錘《ぼうすい》形に、背中は濃紺でお腹は銀箔の美しい体色。俊敏な動きをするけれども、とっても怖がりで、警戒心が強い。危険をはらんだ海を泳ぎながら必死にサバイブして、大人へと成長していく。

◎鰹節への成長

そんなカツオと日本人の出会いは縄文時代にまで遡《さかのぼ》ると言われている。古代社会では日に干したり（「堅魚《カツオ》」と言う）、煮て日に干したり（煮堅魚《ニカツオ》）。その煮汁（堅魚煎汁《カタウオイロリ》）までも愛される形から始まる古代の日本人とカツオのお付き合いは深い。〝食〟の役割以上、〝租税〟〝貢物〟〝神々との食事〟にも選ばれ、煮汁は歴史的に初めての大切な味付けの調味料のひとつとして重宝されていくんだ。

お付き合いの形が大きく変わったのが室町時代。「おぎゃあー」。それまでの、煮て干して保存性を高めていたカツオに、熱と煙を使った〝燻《いぶ》す〟を施した鰹節っぽいものがおそらく南西諸島で産声をあげたのです。

さらに、紀伊（和歌山県）が〝燻す〟を繰り返した現在の形に近い〝鰹節〟（荒節）へと成長させる。

当時の料理本のほとんどに鰹節が登場していることからも、どれだけ鰹節が愛されていたのかも想像できるな。

◎〝発酵〟というさらなる進化

納豆、味噌、ぬか漬け、しょうゆ、日本酒など発酵のおかげで生まれた食品がたくさんある。発酵食品大国、日本。じつはその中に仲間入りする鰹節があります。始まりは江戸時代の中期あたり。〝燻す〟を加えた鰹節は大人気でしたが、弱点がありました。〝カビが生えやすい〟。

燻した鰹節は小刀で削っていた（今ほど堅くない）ので、削ったものを、一度水洗いしてから料理に使っていたくらいの〝カビけ〟だったのだとか。

そこでその対策に力を入れたのが土佐藩（高知県）でした。「カビのイタズラをどうにかしなければ！」。その対策は3つ。

①悪いカビをつけないために逆にいいカビを最初につけよう

②いいカビをしっかり生やすため、煙成分の付着した表面を削ってカビを付けよう

③カビ付け後は、繰り返し日に干し、日乾を徹底しよう

これが見事に成功。〝毒を以て毒を制す〟という言葉があるけれど、まさにそれ！　きっと古代中国から伝わった麹菌の〝発酵〟の知恵が鰹節にも生かされたのかもしれない。

〝カビを1回つけた鰹節〟の製法は、その後西へ東へ、さらに遠くへと伝わり、道中、静岡県の伊豆地方、田子では、〝さらにさらにカビを何回もつけて成長した鰹節〟が育っていく。

カビ（微生物）の力による〝発酵〟ってすごい！

①保存ができるようになる

②栄養が濃縮

③特有のいい香りと味を生み出す

④さらに鰹節に付く麹カビ菌は、脂肪を分解して透き通った出汁をつくってくれる！

◎**そして今**

このカビを3回以上何回も繰り返しつけた鰹節を〝本枯節〟と呼び、究極の鰹節として、江戸を中心とした東日本に広まり、さらには全国へと広まったのは明治のこと。カツオを愛し始めた縄文時代から始まり、鰹節を極めた、鰹節の中での最高峰に値する形がようやく明治時代に確立する。

知ると、よりこの本枯節が愛おしく感じませんか？　単なる食べるモノではなく、私たち日本人とともに歩み、大切なハートが詰まっているように感じる。

この本枯節はカビの力で、とにかくカチンコチン！　とても堅い食べ物です。包丁ではとても削れないので〝鰹節削り器〟という道具を使う。

この大切な食文化をこれからもみんなでつないでいきたい。

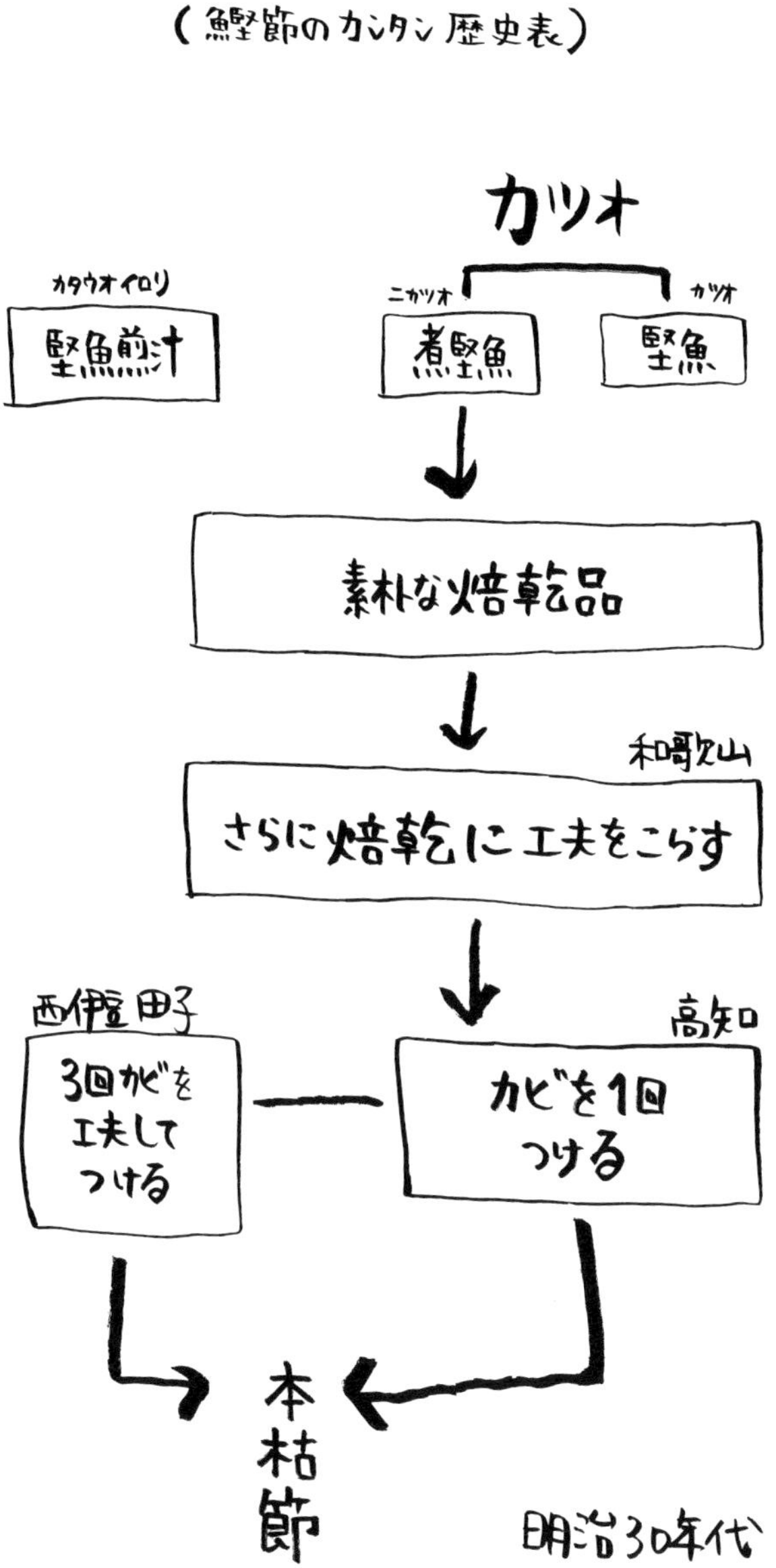

本枯節のつくり方

〜鹿児島県枕崎市"金七商店"さんの"クラシック節"を訪ねて〜

"本枯節"といってもつくり方はさまざまで、金七商店さんでは昔ながらの手間ひまをかけた本枯節を"クラシック節"という名前をつけてつくっています。ここではそのクラシック節のつくり方をご紹介します。

金七商店さんとの出会いは鰹節の主な生産地のひとつ、枕崎市を初めて訪れたとき。今では考えられませんが、アポイントもせず、工場に勝手に入ってしまったことが始まりでした。クラシック節が完成するまでの工程を最初から最後まで一緒に手を動かしながら教えていただき、職人さんの愛や苦労、考えなど、見えない背景を体感しました。おかげで、着実に私の削る気持ちも変わりました。

金七商店のみなさん。左から社長（お父さん）、おじいちゃん、祐介さん、稑空《りく》くん。

一

水揚げされたカツオは鮮度を保つため-25度の大型冷凍施設で保管される。

解凍。カツオを切る前日から水を替えながら解凍します。約半年の長い旅の始まりへ。

合断。背中側とお腹側に切り分けるシーン。

生切り

「美味しい鰹節＝かっこいい形」の想いの元、1匹のカツオを４本に美しい形に切り分けていく。包丁を使い分けながら、切る工程の中にも、頭切り→腹皮切り→内臓とり→背皮つき→中通し→身卸し→合断（あいだち）がある。最後の工程の合断では、血合いの骨をお腹側に寄せて湾曲になるように切る。平均的に男性の方が身長が高く筋肉質。女性の方が身長が低い。そこから、背が高く、お腹側に比べて脂が少ない背中側→男性に例え〝男節〟。背が低め、背中側に比べて脂が多めのお腹側→女性にたとえ〝女節〟。

（※金七商店さんでは、「どっしり構えた男性に寄り添う女性」の夫婦像を理想の形として鰹節に込めている。つくる会社により鰹節の形が違い、職人さんのこだわりがあります。）

右／背中側（男節）とお腹側（女節）を合わせると亀甲の形になる。亀は長生きの象徴。「堅く末永く一緒にいられますように」と引き出物、縁起物に選ばれてきた。　**左**／４本に美しく切り分けられた姿。

籠立《かごた》て

切ったカツオを真っ直ぐ丁寧に〝煮籠《にかご》〟に1本ずつ並べます。男節は脂が少ないので煮る時間を短く。女節は脂が多いので煮る時間を長く。それぞれ煮る籠を分ける。籠の網目を定規に見立てて、とても繊細な作業でした。

煮熟

11段重ねた籠に入ったカツオを下からの蒸気で湯を対流させ、トータル2～2時間半煮て93度まで温度を上げていく。煮ることで水分を抜くだけではなく、イノシン酸（うま味成分）を閉じ込める役割がある。高い温度に入れたり、急激に温度を上げたほうがイノシン酸の劣化は防げるけれど、身が割れやすくもなる。職人さんの難しい技術。

骨抜き

ウロコと骨はその後の燻す工程でも小さくならないのでとっていく。鰹節をつくる作業の中で大半は骨抜き作業。小さい骨が1本でも残っていると節が割れたり曲がったりする原因にもなりかねません。

修繕

カツオを煮た身をミンチにして、割れた部分や骨を抜いた部分に塗り込み、表面をきれいに仕上げます。あとの工程で、割れにカビの侵入や虫が入るのも防ぐ。満遍なく木ベラで塗ったら手で優しく滑らかに仕上げ。（※現在は、このすり身を塗らない鰹節が世の中のほとんどを占める。P107かつおちゃん式鰹節図参照）

焙乾

切るカツオが大きいので、①強火②弱火の2つの部屋で燻し、丁寧に水分を抜きます。最初の部屋は、強火なので、1〜2日だけ燻す。男節、女節のそれぞれの置き方などにも工夫する。次の部屋からは、弱火でじっくり燻す。地下で火を炊いて、鰹節を1階で3〜4日、2階や3階で20日〜1か月という具合に火加減を調整。また、毎日火をたくと表面だけ乾いて中の水分が抜けないので、休ませながら中の水分をゆっくり抜いていく（あんじょう）。鰹節は〝真っ直ぐな形〞がいいとされていますが、たくさんの工夫をしながらもそれでも曲がる子が出てきます。努力し、そこで生まれた個性はそのままでいいのでは？　子育ての話を聞いているような愛情が伝わります。

表面削り

まず、削り専門業者に渡し金七商店の形に削ってもらう。帰ってきて、成人式を迎えるときにスーツのネクタイが曲がっていたら直してあげる感覚で、最後はまた社長と祐介さんで1本ずつ0.1㎜単位で形を整える。男節はどしっと構え、地に足がついているイメージ。女節は肩を張らず、丸みのあるイメージで。

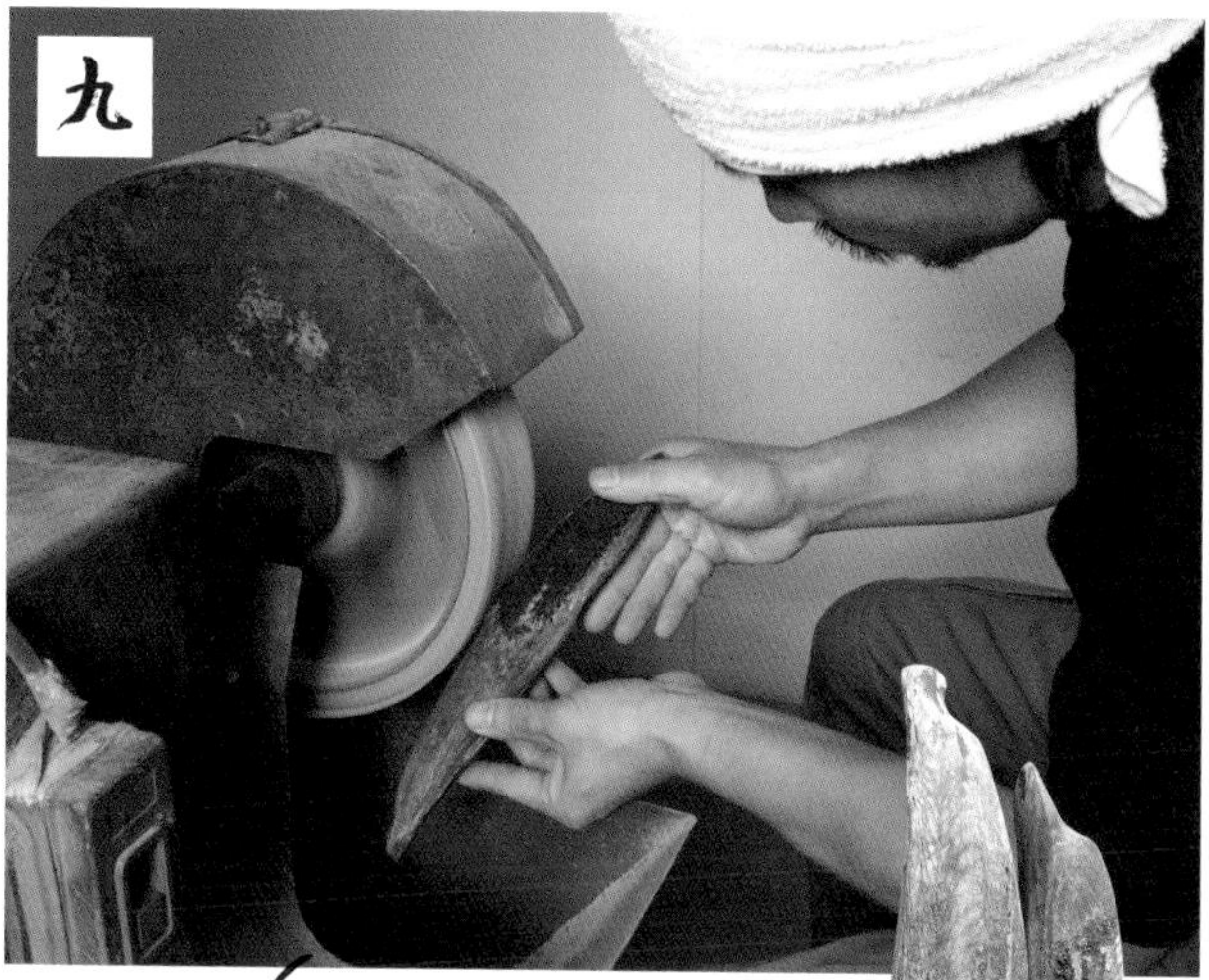

最初のカビつけ（発酵）

ここからがまた旅の始まり。まず、鰹節用の優良のカビ菌をひっくり返しながら表面に満遍なく吹きかける。体にホコリや余計な菌が活発になる前の朝、毎日カビが成長する部屋を確認。この部屋に入れるのも、社長と祐介さんだけです。また、部屋を開けた瞬間のカビの香りや、肌で感じる湿度で、その日1日の湿度を調整。

最初に部屋に入れるときには湿度85%で、MAX93%。それ以上になると発酵に適さないカビが増えるので湿度の調整が大事。温度は夏は冷房で、冬は暖房で適温約28度になるように調整。

数日すると、うっすらカビが覆い始めます。粉雪のようにサラサラふわふわパウダースノー。途中一度、鰹節をまわしてあげて、全体を空気に触れさせてあげて、カビの発生が全体に均一になるようにする。手間のかかることだけど、鰹節のためならと祐介さん。2～3週間でカビが鰹節全体の表面を覆う。このとき青緑色です。

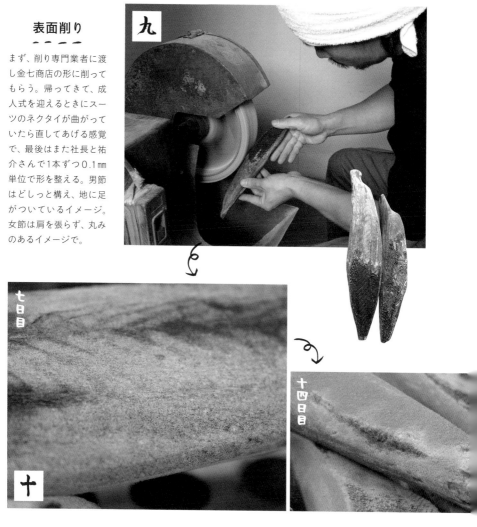

天日干し

晴れた日に、カビが覆った節をお日さまの下に並べて干します。太陽の向きで干し方を変えたり、ひっくり返して満遍なくお日さまのエネルギーをいただく。このときカビがどんな環境でも生き抜いていくようにパワーアップ！　長期間干すと、水分が外に出ようとして割れたり、雨に当たるリスクもある。雨が1滴でも当たると一生消えない跡になり、値段も下がるので、天候は常にチェック。降りそうならすぐに撤収。前日雨が降っていてもNG。カビが一生懸命に生きていることを感じます。

結菜ちゃんがお手伝い。

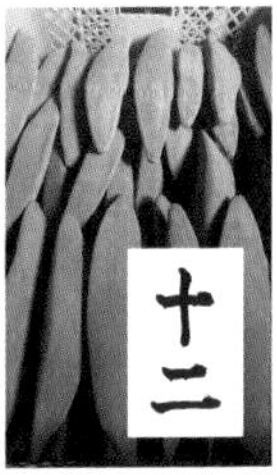

カビの発酵熟成

― クラシック音楽の部屋 ―

カビを覆って天日干しした鰹節は次の部屋に移動し、カビを落ち着かせながら育成します。湿度50〜60%、温度24〜25度に調整。そして、鰹節にクラシックを聴かせている金七商店さんオリジナルの工程です。入り口の黒板には、流しているクラシックの曲名が。中では鰹節たちが気持ちよさそうにクラシックを聴いて横たわり、発酵熟成（成長）しています。

たたき合わせて水分の具合を確認する祐介さん。

クラシック節の完成

カビつけ、天日干しを何度も繰り返しながら鰹節をゆっくり発酵熟成させていきます。節同士をたたき合わせ、音の高低差で水分の具合をチェックして出荷をする。「最高級の鰹節とは、誰が、何で削るか、何に使うのか？で変わるんだよ。だからその人にとっての最高級を選ぶよ」と教わりました。一般的には、（カビつけ＋天日干し）を一番カビ、繰り返すと二番カビという具合にカウントされますが、その回数で鰹節の良し悪しは評価できかねます。

鰹節の種類の世界

かつお旅（産地めぐり）では同じ地域を何回も回遊しています。とくに鰹節生産量の90％以上を鹿児島県（枕崎、指宿）と静岡県（焼津）が占めるので、行く回数は必然的に多くなるな～。毎回アップデートして疑問に思うことや見るところが変わっていくことは、好きな人のことをどんどん知っていくような気分。

その中で、鰹節にもたくさんの種類があることも知った。

たとえば、鰹節を一般的に大きく2つに分けると

・荒節《あらぶし》……カビをつけていない
・枯節《かれぶし》……カビをつけている

があります。荒節の中にもたくさんの荒節があり、枯節のなかにもたくさんの枯節があるイメージ。

どうしてそれぞれにたくさんあるのかな？って、調べてみると、どうやらいろいろな団体――日本鰹節協会（www.katsuobushi.or.jp）、全国削節工業協会（www.kezuribushi.or.jp）、生産者さん、メーカーさん、問屋さんなど――によっても今は考え方が違うのだとか。

鰹節の種類を私なりにリサーチしてまとめてみました。

（自由研究① 鰹節の種類の割合グラフ）

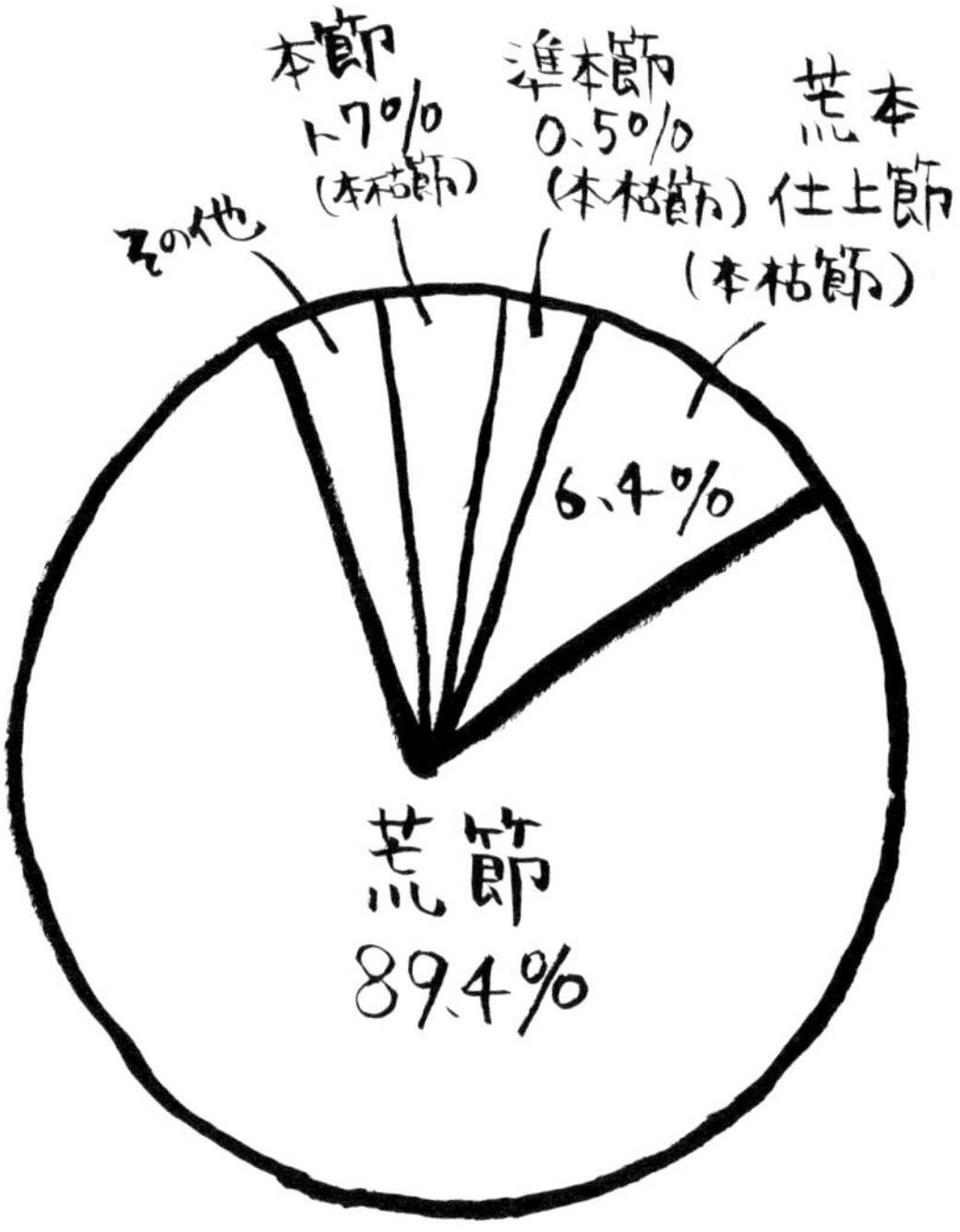

左ページの「かつおちゃん式鰹節図」を見ると、鰹節の世界は広いことがわかりますね。
世の中で〝鰹節〟として紹介されやすい鰹節の種類は、一番右下の〝太い枠〟。昔ながらの手間ひまをかけてつくる本節「本枯節」です。私がお店で使って日頃から愛し、この本で紹介しているのもこの種類。でもじつは本節「本枯節」の生産量はとっても少なく、調べてみると、約1.7％の生産量だとわかりました。（クラシック節もこれ）

鰹節の世界は広いから、どんなサイズのカツオも鰹節になります。私たちがあらゆる形で暮らしに取り入れることができているのも、この世界のおかげです。

鰹節の奥深い世界をひとりでも多くの人に知って、好きになってもらい、ファンが増えていくことで、きっと1.7％の生産量も増やしていける！　そう願っています。

※日本の鰹節生産量の90％以上を占める鹿児島県の枕崎市と指宿市、静岡県の焼津市の鰹節組合へ問い合わせて統計を取り私なりにまとめました。

自由研究② かつおちゃん式 鰹節図

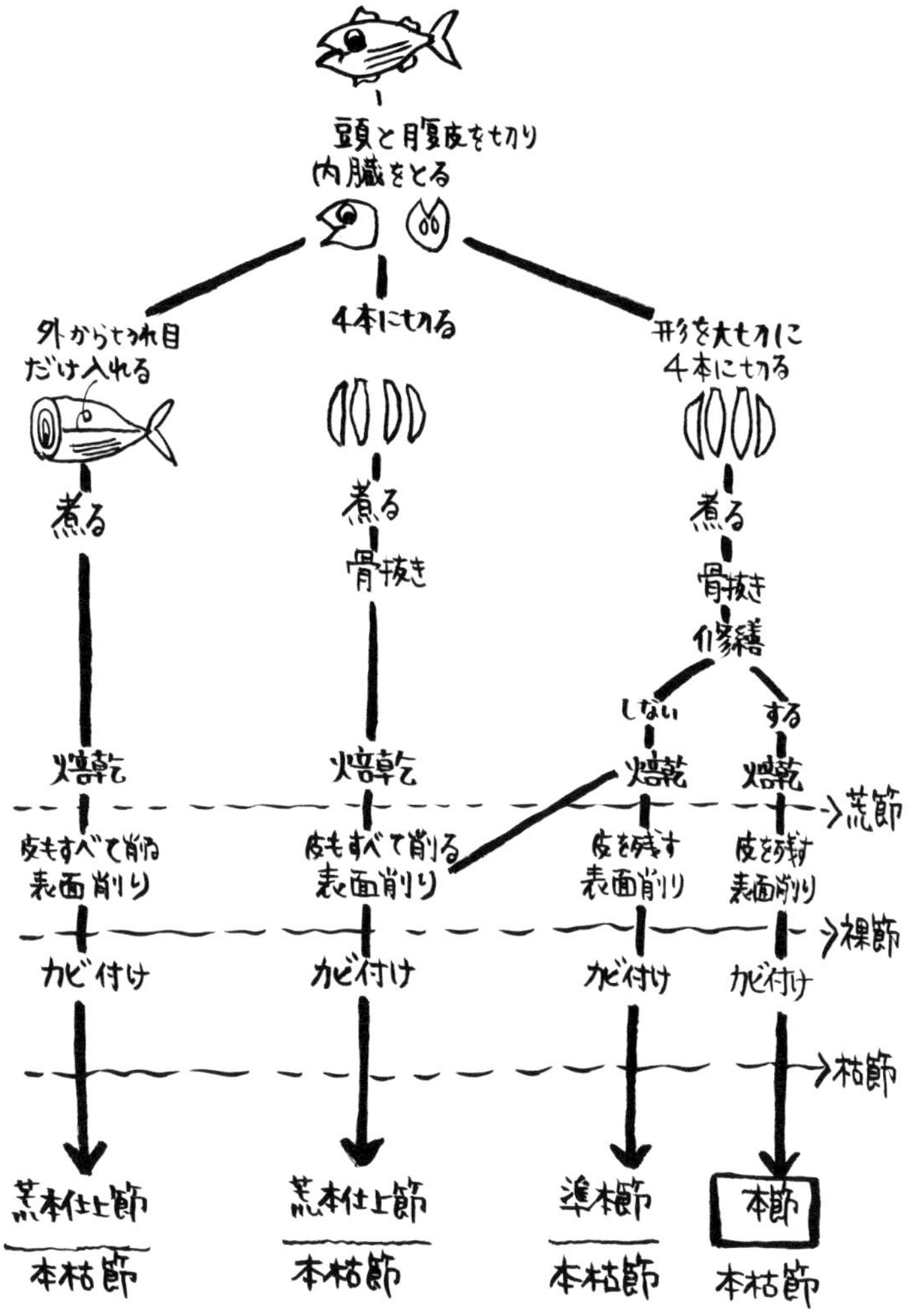

※カビ付け回数や期間は、各社各団体により違うため、書いていません。
※カビ付け＆天日干しの期間が短いと〝枯節〟。ある期間を超えると〝本枯節〟。

五章　顔の見えるかつお旅

シュッシュッ
鰹節を削る音、削る香り
人の心と体に染み渡る本物の味
大人も子どもも、
おじいちゃんもおばあちゃんも、動物も
このふつうの美味しさに笑顔がこぼれる。

母なる海が育み
漁師さんが果敢に自然と戦って釣り上げ
鰹節職人さんが微生物の発酵を生かして
我が子のごとく大切に育て、
そうしてでき上がった鰹節を
職人さんが木や鉄に命を吹き込んだ道具を使って
各家庭のお母さんや料理人さんが
手で削り、出汁を引く。

そうやってたくさんの生命や
想いの繋がりから生み出される食は
心にも体にも優しく
きっと自分を愛せたり
身近な人を大切にできる
ヒトを育ててくれる。

感謝とともに命を頂き
また新たな命が育まれていく。
そんな自然と鰹節と人のめぐりの和が
末永く今と未来に
続いてゆくことを願って

「いただきます」

感謝の気持ちを表し、心の底から「いただきます」と言えたことがあったかな？

私は鰹節に出会い、産地めぐりを通して、今まで知ることがなかった見えない背景を直接肌で感じていく中でそう言えるようになったと思います。

〝美味しい〟って、どこで誰と食べるのか？の環境によっても変わると思うけれど、目の前の鰹節がつくられるまでのストーリーを知ると、削る楽しみ、食べる楽しみ、出汁をひく楽しみ、より美味しく愛おしくなると思うんです。

顔の見えない誰かがつくった鰹節をただ消費するのではなく、「これは○○さんがつくった」と思うだけで大切にしようと温かくなる。感謝の気持ちが生まれる。

幸せな気持ちは人の熱や温もりが叶えてくれると思っています。

だから、かつお旅を通して私が感じてきた〝体温〟をたくさんの人につなげていくかけ橋のような存在でありたいと思います。


ごちそうさまでした。

使命感がある。

なんとかしないとなくなっちゃう

そんな責任がある。自分の納得のいくようなものをつくり、少量でも使ってくれる人に喜んでもらえたら。伝統的な燻《いぶ》す方法“手火山式焙乾法《てびきやましきばいかんほう》”の本のポスターにもなった澤入隆司さんのシワに、鰹節への愛と歴史を感じる。

（静岡県御前崎市　マルミツさん）

手火山
しわが美しい。
物語る鰹節人生

家族ってステキ♡

兄弟愛♡

左／家族みんなでつくる　右／兄弟でつくる

家族の愛、地域の愛で手作業でつくられ、そこには古き良き時代の人のつながりがある。こうして日本の味は温もりも感じることができるのだと思う。
左／（静岡県西伊豆町田子　カネサ鰹節商店さん）
右／（高知県土佐市宇佐　竹内商店さん）

ただ
みとれてしまう

生切りの中で最後の工程

カツオの背中側とお腹側を切り離すこの工程は、鰹節の形が決まる大切なところなのでその工場の責任者（社長ら）が行う。ちょうど、立石項士郎さんが切り分けるシーン。

（鹿児島県枕崎市　カネモ鰹節店さん）

カビをつけて天日干しのシーン

職人さんは常に大気とにらめっこで、晴れていたら干す。が、急な雨雲を見つけると予報や経験から素早い判断をして広げた鰹節をしまうか、シートをかけて守るか。雨一粒落ちただけでも消えない跡となり値打ちも下がる本枯節の運命を左右する。

太陽のパワ〜〜!

本枯節は形が命

各会社によって理想の形があるけれど、昔は削り職工といって彫刻刀のような道具を使い分け、形を整えていた。今は機械のグラインダーを使うのがほとんどだけれども、機械のない昔の日本の繊細な作業の美しさを目の当たりにした。

鰹節をつくる工程には無駄がない

すべて余すことなく使い切るので、昔からサステナブルな世界がある。カツオを４本に切り分けていく中で、使わない部位をそれぞれの籠に分けながら、肥料や飼料などに。中骨などについた身は鰹節づくりのすり身となる。

カツオ愛

鰹節の始まりはカツオから。そのカツオを追いかける旅の道中で訪ねた元カツオ漁師の明神夫妻が営む民泊へ。大型船を降り、現在は小型船で夜中にカツオを釣りに行き、釣ってきたカツオをご夫婦が名物のカツオの藁焼きを作ってくれてその場で食べさせてくれた。「美味しさは手の中にある」素敵なことを教わった。

（高知県黒潮朝土佐佐賀　民泊おおまちさん）

女性のパワー

さまざまな鰹節づくりの現場へ行って驚いたことは、女性の方が多く働かれていること。地域の女性や、多くは海外の女性がつくってくれています。同じ女性として尊敬の念しかありません。女性の温もりが日本の味を支えてくれているから、旨味が増すのかもしれない。

（左／鹿児島県指宿市　坂井商店さん、右／鹿児島県枕崎市　カネモ鰹節店さん）

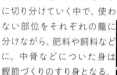

かつお旅の記録

かつおくんと一緒に全国の職人さんの元へ

お父さんのオーラを感じて

宇佐（高知県）

高知県といえばカツオで有名ですが、昔ながらの伝統製法で本枯節をつくり続けているのは全体で４軒中1軒。この土佐節の製造技術が無形民俗文化財に登録された。そこには宇佐の鰹節屋が次々と廃業し、本枯節のつくり手がいなくなるなかでも、お父さんの昌作さんがずっとつくり続けてきた努力がある。鰹節の歴史上でも土佐があったから全国に鰹節が広まった。その大切な土佐の鰹節をこれからもよろしくお願いします。

西伊豆町田子（静岡県）

「手火山式焙乾法」。すごい名前だけれど、鰹節をつくる工程の昔ながらの燻し方。卸したカツオの身をセイロに積み重ね、深さ２ｍの室で強火で燻し乾かす。120～130度の火を保つため、職人の経験が極めて必要。今は〝幻の製法〟とも言われており、全国で数軒がこの製法でつくっている。こうしてふたりで積み重ねたセイロの上下を替えながら行う。体験させていただき、職人さんの苦労を米粒ほどでも感じさせていただけることがあるならと、私も手を動かさせていただきました。

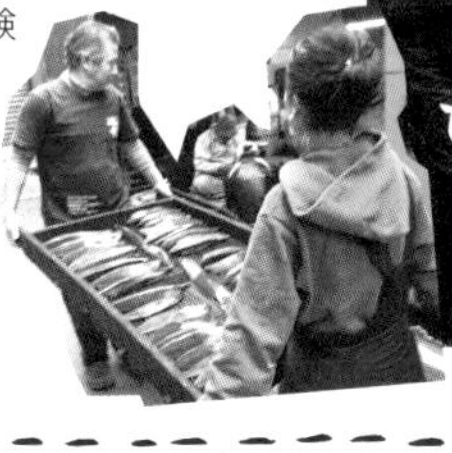

枕崎（鹿児島県）

骨抜き。１本１本、身を崩さないように骨を抜く。実際に手を動かしてみて思ったことは、腰は痛くなるわ、目がチカチカしてくるわ。夏は暑いし、冬は寒い中数時間ずっと同じ体勢でひたすら抜く。たとえ、完成した本枯節を削って骨が１本見つかったとしても、クレームではなく、私は感謝の気持ちを持てる人になりたい。

カツオチームです。

勝浦（千葉県）

鰹節になるのはカツオ。そんなカツオに会いに、〝カツオの声を聞かないと削れない！〟と思い時間を見つけては漁港へ。カツオを釣る漁師さんたちの今のリアルな話をうかがいながらカツオとの触れ合い。

漁師さんは膨大にかかる経費とのにらめっこ。釣る量が少なくてもいい値がつけばいいけれど。命がけの漁。人の手で釣っているから美味しい。感謝しかないです。美味しいカツオをありがつおございます。

奄美大島（鹿児島県）

さらにさらにもっとカツオに触れたくなり、〝一緒に泳ぎたい〟気持ちが募るように。鹿児島県奄美大島のカツオ一本釣り船〝宝勢丸〟さんにお世話になり、カツオを放流している中へダイブ。カツオは警戒心が強いので、なんだこの生物って気にしながらも近づいてくれなかった。でも私は「愛してるよ。ありがつお」って伝えた。誰かが餌を針につけ海面に揺らし始めた。するとカツオが興奮し始めた。機敏な動きをミサイルのように感じた。すごい。カツオの機敏な動き。そして釣られたカツオを全身で抱いた。「私はあなたの第二の人生、本枯節となった姿を大切に食べるよ」って。鰹節のすべての源流、カツオを感じて削りたい。

燕三条（新潟県）

道具のメンテナンス修業。鰹節を削るためには大切な道具のこと。お世話になっている道具を扱っているSHAYOの坂西さんが「鰹節を削り続けるなら、道具も自分でしっかり見れるようにならないとね」と言ってくださり、刃を鍛える現場、そして、カンナをつくる現場、ひとつの道具ができるまでの見えない背景を見せてくれました。道具も生きている。それを感じることができたのは、背景を知り、自分で道具を直せるように鍛えていただいてきているから。まだまだ修業は続きます。

せっせっ集中！

伊良部島（沖縄県）

さらに、漁港で会う死んだカツオではなく、生きたカツオさまに会いたいと思い始めるように。ご縁をいただき、通常は女人禁制であるカツオ漁へ乗船させてもらいました。伊良部島佐良浜へ。この地でのカツオ漁の始まりは明治43年。それまでカツオは神の使いと敬っていた。ここでは〝パヤオ〟と言う漂流物に海藻類がつき、集魚装置でカツオなどを集め、そこへ釣りにいく方法。喜翁丸さんにお世話になりました。

深夜12時に出港する。餌を積み、氷を詰めいざ！　乗船して船酔いを恐れすぐに寝る。沖へ向かうほど波が荒くなる。きた！船酔い。死にそう。目を開けると目線に満天の星。神秘的だった。星に手が伸びそう。……っとそのとき！

カツオだ！　一斉に持ち場につき、竿を握る漁師さんたち。船酔いに耐えながら眺める。真っ暗闇の空を何かが舞い上がった。それは、朝日の光が地平線に昇り出すとともに姿をはっきりとさせていく。狂うほど会いたかった、生きているカツオだ。空飛ぶカツオ。英語で〝SKIP JACK TUNA〟とはまさにこの光景。カツオが生きて興奮しているときに出る〝縞〟の位置が、息を引き取るときの〝縞〟へと変わる。生きるか、死ぬか。人間もカツオもそれしかなかった。カツオも生きるために必死。いるのに釣れないときもある。イルカが近寄れば、カツオのエサを散らすので、漁はやめる。遠い地平線の方向にカツオ鳥を双眼鏡や肉眼で見つける。

海の男はドッシリ！している

つっつられたぁ〜〜

カツオの血まみれ うれぴ〜〜♡

釣ったあとの 船上朝ごはん

久高島（沖縄県）

鰹節の歴史文化をたどると、鰹節になるのは、カツオを〝燻す〟ようになってから。その原形となる鰹節の始まりは文献から、室町時代の南西諸島。そしてどうやらその南西諸島に伝わったのは、沖縄県の神の島〝久高島〟の人がキーパーソンでは？と言う噂で。さらに久高島には〝イラブー〟と言う海蛇を鰹節のように燻す文化があるのだとか。ワクワクする!と言うことで調査へ。初めて食べるイラブー汁は1500円〜、お店によっては4000円もするところも。初めは高い？と思ったけれど、その見えない背景に納得。イラブーの漁に同行させていただきました。海水が引くのを見計らった夜の時間、ひとりでおじいちゃん、おばあちゃんが真っ暗闇の中海蛇を待ちながら一瞬懐中電灯をつけ浅瀬に出てきた海蛇を素手でキャッチして布袋へ。

海蛇を待っている間、満天の星を見上げながら「この空の向こうにいる私のお父さんお母さんに話しかけているんだよ」とおばあちゃん。

日南（宮崎県）

近海カツオの一本釣りはだいたい2〜11月の操業。日本近海にやってくるカツオが北上するのを追いかけてその近場の港に水揚げしていくイメージ。ここは宮崎県日南市。江戸時代より続くこの地でのカツオ一本釣り漁業が日本農業遺産に認定されている。この日、18tのカツオを積んだ〝第73真海丸〟さんが入港した。鮮魚で地元港からトラックで県外市場に陸送出荷を行う「カツオ鮮魚出荷体制」を設け、鮮度がいい状態で提供できるようにしているのだとか。カツオ船が母港に水揚げするときには地元の方々が立ち会い、みんなで協力して水揚げをする。朝まで続く水揚げを、カツオを釣って疲れて帰ってきた漁師さんたち自身も出荷を行う。私は眠気と寒気に意識がよくわからなくなったけれど、ただただ感謝と尊敬の念しかありませんでした。

気仙沼（宮城県）

生鮮カツオ水揚げ25年間1位の宮城県へ。6～11月、カツオを追いかけ北上するカツオ船が一挙に集結。夏休みを利用してカツオ船が並ぶ光景を見にいくのもいいかもしれません。大好きな〝鶴亀食堂〟さんへ行くと水揚げした漁師さんが飲んでいることもありますよ（笑）。さて宮城県も鰹節製造が盛んな地のひとつでした。創業昭和25年の気仙沼市唐桑にある鰹節製造者〝マルヤマ〟さんへ。気仙沼に揚がるカツオにこだわり伝統の技でつくる鰹節は、濃厚で美味しい。伝統文化を絶やさないためにも熱い想いでつくられているマルヤマさん。そんな気仙沼の鰹節を削り、マルヤマさんや気仙沼の地域の方々に召し上がっていただきました。その土地のカツオで鰹節をつくり文化をつなぐ。この素敵な光景をつないでいきたい。

熊谷さんとパシャリ

気仙沼 唐桑（宮城県）

江戸時代初期、当時の先端の漁法であるカツオの一本釣りを導入し、当地方の漁業・水産業発展の礎となった出来事を顕彰するために建てられた記念碑にて。

背中が物語ってる〜！

八丈島（東京）

東京のブランドカツオ〝樽カツオ〟に会いに八丈島へ。3～5月は黒潮にのったカジキやカツオ、キハダマグロを追い、黒潮がなくなるころ、メダイやキンメダイなどの底物を狙う廣江篤夫さんにアテンドしていただきました。廣江さんは18歳で漁師になり、漁師歴20年以上。乗船させていただきましたが、基本的には女人禁制なので道具などには触れない約束で。研修の若手の漁師さんとカツオがかかった仕掛けを手繰り寄せる後ろ姿が眩しくてかっこいい。漁のあとは泣きながらカツオ愛について語り合ったな。カツオがかわいいって目を細めて話す廣江さんに釣られるカツオは幸せだ。

樽カツオ様に会いに♡

⑩ **三崎**（神奈川県）
長井水産には
カツオ博士がいる

⑤ **勝浦**（千葉県）
遠見岬神社には〝かつお
おみくじ〟がある

④ **氷見**（富山県）
ブリの定置網にかかる
カツオは脂がトロリ。
〝迷いガツオ〟と呼ぶ人も

① **気仙沼**（宮城県）
生鮮カツオ水揚げ
25年連続日本一。
6～11月、港に行くと
カツオ船に会えるかも

② **諏訪神社**（福島県）
〝かつお御朱印〟がある

⑬ **御前崎**（静岡県）

⑭ **志摩**（三重県）

③ **アクアマリン**
ふくしま（福島県）
カツオに会える水族館

⑦ **神津島**（東京都）
遠見岬神社には
〝かつおおみくじ〟がある

⑪ **焼津**（静岡県）
那閉神社〝カツオ大漁
祈願お守り〟がある

⑧ **八丈島**（東京都）
ブランドカツオ〝樽カツオ〟。
引縄釣りで一本一本キャチ
して、血抜きされている

⑥ **高家神社**（千葉県）
料理の神様が最初に
つくったのはカツオと
ハマグリの料理

⑫ **田子**（静岡県）
〝潮カツオ〟（塩漬けしたカツオ）
をつくっている

⑨ **住吉神社**（東京都）
〝鰹塚〟がある

- ○ 生鮮カツオ水揚げ地
- ○ かつおちゃんが旅した鰹節をつくっているところ
- ○ 鰹節用冷凍カツオ水揚げ地
- ○ その他、カツオにまつわるところ

かつおちゃんの足跡マップ

⑳ 土佐佐賀（高知県）
道の駅〝なぶいら〟では
大物カツオが釣れるよ

㉑ 土佐清水（高知県）
かつては鰹節つくりを
していたが、今は、鰹節の
仲間の〝宗田節〟をつくる

㉔ 鵜戸神宮（宮崎県）
〝かつお一本釣り
おみくじ〟がある

㉕ 日南（宮崎県）
〝日南カツオ〟
カツオ　本釣りは日本農業遺産

㉗ 枕崎（鹿児島県）
〝すし匠五条さん〟は、
いろいろなカツオ料理を出して
くれる。かつおラーメンも！

㉘ 指宿（鹿児島県）
鰹節の唐揚げ
〝いぶから〟は名物

⑲ 久礼《くれ》（高知県）
土佐一本釣り舞台地。
〝田中鮮魚店〟さんの目利き
カツオは本当に美味しい

㉓ 牛深《うしぶか》（熊本県）
鰹節の仲間
〝牛深節〟の生産地

㉖ 鹿児島（鹿児島県）

㉙ 屋久島（鹿児島県）
江戸時代の鰹節ランキング
西日本1位

⑯ 印南町（和歌山県）
鰹節発祥の地

⑱ 宇佐（高知県）

㉒ 愛南（愛媛県）

⑮ 串本（和歌山県）
かつお茶漬けが
おいしい〝萬口〟さん

⑰ 海部（徳島県）
江戸時代の〝鰹節番付〟
にも名を連ねる産地。
藍染やサーフィンも盛ん

㉚ **奄美大島**（鹿児島県）

カツオ一本釣り船〝宝勢丸〟
さんの営む〝鰹の家housei〟
で美味しい鰹をいただけます

㉛ **沖縄美ら海水族館**（沖縄県）

カツオに会える水族館

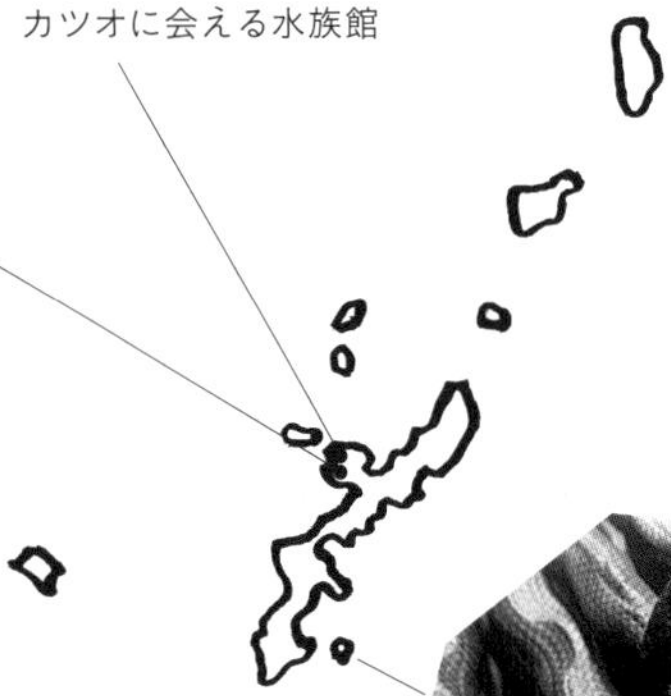

㉜ **本部町**（沖縄県）

「かつおと言えば本部」と言われる
本部町。荒節の鰹節をつくる。
名物〝カツオベンチ〟は座るべし！

㉝ **久高島**（沖縄県）

神の島。鰹節のように、
燻した海ヘビ
〝イラブー〟が食べられる

㉞ **池間島**（沖縄県）

カツオモニュメントがある

㉟ **伊良部島**（沖縄県）

パヤオカツオ
一本釣りの発祥の地。
〝友利鰹節店〟さんの
なまり節が美味しい！

㊱ **石垣島**（沖縄県）

カツオ船〝マルゲン水産〟
が営む〝居酒屋源GEN〟で
は、カツオの心臓の刺身が
食べられる（季節物）

未来の伊良部島のカツオ一本釣りを
引っ張るエース！　漢那 諒くん。
もしかすると、諒くんに会えるかも!?

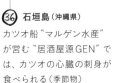

さいごに　かつおちゃんのメッセージ

鰹節との運命の出会い

私が鰹節と出会ったのは25歳の頃。やりたいこともなく、そんなモヤモヤとした気持ちを晴らすように夜遊びに明け暮れていた。

そんな私を見かねた母親の勧めで、福岡のおばあちゃん家に遊びに行ったときのこと。

おばあちゃんは久しぶりに会う私を前に、スタスタと歩いて戸棚からひとつの木箱を取り出した。長方形の木箱には、黒い取っ手のついた引き出しがついている。

おばあちゃんはその木箱を机の上に置き、引き出しをゆっくりと開け、凛とした姿の一本の木を取り出した。と、突然その木を削り始める。ん⁇……知っている香り。鰹節⁉

「これは鰹節削り器でね、亡くなったおじいちゃんがおばあちゃんと結婚するときにプレゼントしてくれたのだよ。日本の大切な食文化だね。昔は一家に一台あって、おばあちゃんが子どもの頃は削るのが仕事のようなものだったのだよ」と話してくれた。

おばあちゃんの鰹節を削る姿がかっこよかった。美しかった。凛としていて、衝撃的な姿だった。

初めて口にした削りたての鰹節も、今まで食べたことのない美味しさ。

私もおばあちゃんのようになりたい！　鰹節を削る人になりたい。

初めての憧れと言う存在。〝鰹節を削る私のおばあちゃんの姿〟。


おばあちゃんにもらった鰹節削り器を抱えて〝かつお旅〟と名付けた産地めぐりと言う旅を始めた。

実際に鰹節がつくられる現場、そんなカツオを釣ってきてくれる漁師さんとの触れ合い、たくさんの現場へ足を運び職人さんにも出会いながら、鰹節への愛がどんどん膨れ上がっていく。

ＫＡＴＳＵＯ１００％。

〝鰹節伝道師〟と自ら名乗りながら、２０１７年にご縁をいただき、「かつお食堂」と言うお店を東京の渋谷で営んでいます。

手削りの鰹節が白いお米の舞台で踊り出す。

それを演出するような一番出汁のお味噌汁の香り。シンプルで丁寧な食。

たくさんの食べるモノがあふれる中で、日本の食の源流、鰹節の文化を未来へ。

鰹節を削るおばあちゃんの姿に衝撃を受け、好きになり、伝える場所をつくり、今はこれが私の使命だという想いで私は今日も鰹節を削ります！

食を育む

私たちはみんな生まれた瞬間から食体験をする。最初に出会う味は〝母乳〟。その母乳には昆布の旨味成分のグルタミン酸が入っていて、その濃度は、昆布だしとほぼ同じと言われており、子どもにとって〝旨味〟は慣れ親しんだ〝美味しい〟を感じる味です。
一方、現在日本は、高タンパク、高脂肪、高カロリーの食事スタイルに囲まれ、戦後のわずか50年！　半世紀でこんなに食生活に変化のある民族はどこにもないらしいのです
また、天然の出汁とは違い人工的に精製してつくり出す、〝うまみの調味料グルタミン酸ナトリウム〟。食品表示には「調味料（アミノ酸など）」と書かれている。「うまみ調味料無添加」と「うまみ調味料不使用」と書かれていても原材料に「酵母エキス」「たん白加水分解物」などの表示があり、これは工業的にうまみを生成したもの。一概には言えないけれど、〝優しい天然のお出汁の味〟〝後味の体にしみわたる感覚〟そして、〝人がつくり出せない自然の美しさ〟は格別だと思います。
人の味覚のピークは、味を記憶する脳の器官が3歳頃に完成すると言われており、10歳頃までの積み重ねがその後の人生の基礎になると言われているので、子どもの頃に覚える天然の自然な味の食体験はとっても大切だと思います。

また、たくさんの食があふれる現代において、濃い味付けや偏った食生活に慣れてしまうと、体内の亜鉛量が不足し、味覚を正しく認識できない味覚障害が現れるらしいです。

鰹節には亜鉛が含まれているので、効率よく取り込むことで味をキャッチする舌の〝味蕾《みらい》〟という細胞の代謝を上げることができる。また、味蕾は10日間で生まれ変わるので、味覚をリセット！食生活から心も健康も見直せますよね。

鰹節を削って暮らしの中に取り入れることで、自然と舌も育ててくれる。大人になってからも体を整えてあげる、大人の食育の役目も鰹節は担ってくれます。

とくにこれから赤ちゃんを産む女性たちへ。赤ちゃんの栄養源は、ママから始まる。胎盤を通してママの血液の中の栄養を吸収するのが赤ちゃんのご飯。

そして、生まれてからおっぱいを飲むための練習もしていて、口をもぐもぐさせるような動きや、実際に赤ちゃんを包んでいる羊水を口に入れて〝ごっくん〟と飲み込む練習もしているらしくて。まだまだ先！と思っていても、日頃の食の積み重ねが未来へつながっていくから、一人ひとりのペースでできるところから少しの〝食の選択〟を変えていくことが大切なのかなって。お腹の中で命を育てるって神秘的。私も自分ペースで意識しています。女性で生まれてきたことを愛して。

私たちのchoice

カツオを食べ始めて約８０００年の時が流れ、カツオを釣るスタイルも、カツオを保存して旨味を楽しむスタイルも少しずつ、少しずつ変化してきましたが、私たちが生きる今はじつはすごいスピードで変化をしているのではないかな？って、感じます。

昭和後半、女性が社会に進出したり、家庭料理の代わりにファミリーレストランや、コンビニエンスストアなどが登場し、ご飯が簡単に手に入るようになり始め、〝簡単〟や〝加工品〟が人気になっていったそうです。鰹節は削って袋に詰めたものが人気になり、調味料が伸びたこともあり、調味料に使う用の鰹節がつくられていくようにもなっていきます。

社会が変わり、私たちの生活スタイルが変わり、それに合わせた求めるものが流行っていく。これって、言い方を変えると、私たちが何を選択して何にお金を払っていくのか？　時間を使っていくのか？　そんな毎日のコツコツとしたことが未来への一番の投票権のようなものだな。

鰹節（本枯節）を自分で削ってみよう！って実践する人が増えたり、スーパーに行ってカツオを買って食べよう！って、人が増えたら漁師さんにもお金が回っていく。

私たち消費者（生活者）のchoiceが未来をつくるHeart♡

ありがつおのお手紙

鰹節職人さん、カツオ漁師さん、道具の職人さん、カツオ・鰹節を愛し携わられているみなさま、10年前私が鰹節に出会ってから、どこの誰かもわからない私にたくさんの愛を教えてくれて本当にありがつおございます。

自然環境をはじめ、人手不足、燃料の高騰、価格のことなど、大変厳しい状況にあると思います。

私は好きから始まり、今はこの大切な日本の文化を未来へつないでいきたいその想い一筋です。

至らぬ点もたくさんありますが、ひとりでも多くの人にこの魅力を伝えていけるようにがんばりますので、これからも変わらぬご指導のほどよろしくお願いいたします。

鰹節伝道師「かつお食堂」店主　永松真依（かつおちゃん）

（参考文献）

『鰹節』（宮下 章／日本鰹節協会）
『カツオ・鰹節がもたらす身体の調整と健康』（荻野目 望）
『いのちと心のごはん学』（小泉武夫／ＮＨＫ出版）
『うま味って何だろう』（栗原堅三／岩波書店）
『おいしさの科学シリーズvol.4　だしと日本人』（『おいしさの科学』企画委員会／エヌ・ティー・エス）
『カツオ今昔物語　地域おこしから文学まで』（鹿児島県立短期大学チームカツオづくし編／筑摩書房）
『カツオフォーラム開催記録　日本人はなぜかつおを食べてきたのか』（味の素　食の文化センター）
『かつお節をまいにち使って元気になる』（大森正司監修／キクロス出版）
『だしの本』（藤村和夫／ハート出版）
『食生活　２０１４．09 だし』（月刊『食生活』編集部／カザン）
『「だし」再発見のブランド戦略』（高津伊兵衛／ＰＨＰ研究所）
『だしとは何か』（熊倉功夫・伏木亨／アイ・ケイコーポレーション）
『だしの神秘』（伏木亨／朝日新聞出版）
『発酵』（小泉武夫／中央公論新社）
『発酵食品の魔法の力』（小泉武夫・石毛直道／ＰＨＰ研究所）

永松真依　Mai Nagamatsu

鰹節伝道師、「かつお食堂」店主。
1987年生まれ、神奈川県育ち、成城大学文芸学部文化史学科卒業。鰹節を削る祖母の姿に魅了されたのを機に、鰹節の魅力に開眼。以来、鰹節一筋の生活に。2017年、東京・渋谷に鰹節の美味と魅力を伝える料理店「かつお食堂」をオープン。その一方、全国の鰹節の産地を訪れては、鰹節にまつわる取材を重ねる。各地での講演やワークショップ、食育などのイベントを通して、手削りの鰹節の普及、鰹節の魅力の伝道等も行う。愛称は「かつおちゃん」。
かつお食堂は、「ミシュランガイド東京2022」「ミシュランガイド東京2023」に2年連続「ビブグルマン」で掲載。2021年度は食べログの定食部門百名店にも選出された。

かつお食堂

東京都渋谷区鶯谷町7-12 GranDuo渋谷 B1F
tel：03-6877-5324
営業情報は
インスタグラムに掲載。
@katsuoshokudo

ありがつおございました！

執筆協力

高津伊兵衛（にんべん）
坂井弘明（坂井商店）
瀬﨑祐介（金七商店）
永原レキ（inbetweenblues）
中野慎太郎

撮影協力　髙林 晋（濱町高虎）
守谷玲太（藍左師）
PAPICO（bar & ...miiiii）

スタッフ

文・イラスト・料理・撮影（P81-87、94-95、5章）
永松真依
撮影　河﨑夕子（yOU）
瀬﨑祐介（P89、100-104）
デザイン　漆原悠一（tento）
松本千紘（tento）
校正　福島啓子
編集　深山里映

鰹節を手削りする
美味しい暮らし

著者　永松真依
編集人　新井 晋
発行人　倉次辰男
発行所　株式会社 主婦と生活社
〒104-8357
東京都中央区京橋3-5-7
編集部 tel. 03-3563-5136
販売部 tel. 03-3563-5121
生産部 tel. 03-3563-5125
https://www.shufu.co.jp
製版所　東京カラーフォト・プロセス株式会社
印刷所　大日本印刷株式会社
製本所　共同製本株式会社

ISBN 978-4-391-15894-6